Sitzungsberichte
der Akademie der Wissenschaften
der DDR
Mathematik – Naturwissenschaften – Technik

Jahrgang 1985 · Nr. 3/N

Rapoport/Langen/Hofmann

Die Bedeutung Otto Warburgs für die Entwicklung der Biochemie, Zellbiologie und Medizin

AKADEMIE-VERLAG · BERLIN
1985

Vorträge aus der Sitzung der Klassen
Biowissenschaften, Chemie und Medizin
am 8. September 1983 aus Anlaß des
100. Geburtstages von Otto Warburg

Herausgegeben im Auftrage
des Präsidenten der Akademie
der Wissenschaften der DDR
von Vizepräsident Prof. Dr. Heinz Stiller

ISSN 0138–3965
Erschienen im Akademie-Verlag, DDR-1086 Berlin, Leipziger Str. 3–4

Lizenznummer: 202 · 100/45/85
Printed in the German Democratic Republic
Gesamtherstellung: VEB Druckhaus Köthen
LSV 1208
Bestellnummer: 763 484 4 (2010/85/3/N)
00450

Inhalt

Samuel Mitja Rapoport

Leben und Werk Otto Warburgs

Meine sehr verehrten Damen und Herren!

Wir sind zusammengekommen, um OTTO WARBURGS anläßlich der 100. Wiederkehr seiner Geburt zu gedenken. In WARBURG ehren wir den bedeutendsten Naturwissenschaftler auf dem Gebiet der experimentellen Biologie des 20. Jahrhunderts, der ein halbes Jahrhundert lang die führende Persönlichkeit der Biochemie und Zellbiologie gewesen ist und dem die Medizin vieles verdankt.

Es ist für uns eine besondere Verpflichtung, WARBURG an dieser Stelle zu ehren, ihn, der den größten Teil seines Lebens – 75 Jahre – in Berlin verbrachte und auch 57 Jahre in Berlin gearbeitet hat. WARBURG war auch in ständiger und vielfacher Weise mit dem demokratischen Wiederaufbau im Demokratischen Sektor nach der Befreiung von der Naziherrschaft und mit dem geistigen Leben der DDR von den ersten Schritten an verbunden.

Abb. 1 Otto Warburg im 70. Lebensjahr

WARBURG gehört zu den wenigen Wissenschaftlern, denen der Nobelpreis zweimal verliehen wurde. Das erste Mal im Jahre 1931 für seine Arbeiten über die Atmungsenzyme und das zweite Mal, 1944, für seine bahnbrechenden Entdeckungen über wasserstoffübertragende Coenzyme, Flavine und Pyridinnucleotide. Den zweiten Nobelpreis durfte er aufgrund eines Verbotes der Nazis nicht entgegennehmen. Aber schon im Jahre 1927 wurde er in die engste Wahl für den Nobelpreis für seine Arbeiten über Tumoren gezogen.

Es war der wiedererneuerten Akademie der Wissenschaften im Jahre 1946 überlassen, ihn zu ihrem Mitglied zu wählen. Am 25. April 1946 wurde der diesbezügliche Antrag durch die Akademiemitglieder STILLE, HEUBNER und RÖSSLE gestellt. Dieser Antrag trägt den handschriftlichen Bleistiftvermerk des damaligen Präsidenten der Akademie STROUX: „Wiedergutmachung eines Unrechts der Naziperiode".

Die Wahl erfolgte am 18. Juli einstimmig. Im folgenden Jahr, am 9. 10. 1947, hielt Warburg einen Plenarvortrag, betitelt „Ideen zur Fermentchemie der Tumoren". Eine entsprechende Abhandlung wurde zum Druck gegeben.

In dem damaligen Vortrag wurden schon die wesentlichen Stilelemente der Arbeitsweise von OTTO WARBURG genannt. Ich zitiere: „In allen Arbeiten von OTTO WARBURG besticht die äußerst klare und saubere Herausschälung des untersuchten Problems aus oft sehr verwickelten Zusammenhängen, zweitens aber mindestens in gleichem Grade die meisterhafte Beherrschung des Methodischen, besonders auch die unerbittlich bis zum Äußersten getriebene Reinheit und Schärfe der experimentellen Bedingungen. Diesen Momenten ist gewiß zu einem erheblichen Teil die lange und ununterbrochene Kette seiner wissenschaftlichen Erfolge zu danken."

Im Glückwunsch zum 70. Geburtstag im Namen der Deutschen Akademie der Wissenschaften heißt es: „In Ihnen verehren wir einen Forscher, der eine neue Ära in der Biologie eingeleitet hat. Schon in der Frühzeit Ihres Schaffens haben Sie mit einer bis dahin von keinem Forscher aufgebrachten Energie die physikalische und chemische Methodik in den Dienst biologischer Forschung gestellt."

Und in dem Glückwunsch zum 75. heißt es im Schreiben des Präsidenten: „Ein seit nun etwa 50 Jahren nicht abreißender Strom grundlegender Entdeckungen ist das Geschenk Ihres Geistes und Ihrer Arbeit an die denkende Menschheit, an die Welt der Naturwissenschaft."

WARBURG hatte ständigen Kontakt zum Forschungszentrum in Berlin-Buch, das oft seinen weisen Rat nutzen durfte, und war häufiger Gast des Instituts für Physiologische und Biologische Chemie in der Hessischen Straße. Denkwürdig ist eine Vorlesung im überfüllten Emil-Fischer-Hörsaal. Eine Reihe von Wissenschaftlern aus der DDR hatte das Glück, öfter WARBURG zu sehen und sein Wohlwollen zu genießen. Auch ich und meine Schüler gehörten dazu.

Ich erinnere mich an den Besuch OTTO WARBURGS zum III. Internationalen Erythrozytensymposium im November 1960 und seiner Teilnahme an der Jubiläumssitzung anläßlich des 10jährigen Wiedererstehens der Berliner Physiologischen Gesellschaft am 30. März 1965, bei der Dr. JEGOROW über seine Teilnahme am Gruppenflug im Raumschiff Woßchod berichtete und die Ehrendoktorwürde erhielt.

Abb. 2 Otto Warburg und Karl Lohmann beim III. Internationalen Erythrozytensymposium im November 1960

Abb. 3 Otto Warburg, Minister Mecklinger und Minister Gießmann in der Jubiläumstagung der Berliner Physiologischen Gesellschaft im März 1965

Der Sinn unserer Zusammenkunft kann nicht nur die Ehrung einer großen Persönlichkeit sein und schon gar nicht das detaillierte Nachzeichnen ihres Werdegangs, der Einzelheiten der wissenschaftlichen Arbeiten oder ein Abwägen der charakterlichen Eigentümlichkeiten, vielmehr soll es uns darum gehen, für uns und die, die nach uns kommen, für die wissenschaftliche Jugend, die tragenden Elemente seiner Beziehung zur Wissenschaft und seines Arbeitsstils uns vor Augen zu führen.

Auf seine Zeitgenossen übte WARBURG durch seine starke, aber widersprüchliche Persönlichkeit eine ungeheure Faszination aus und wirkte stark polarisierend; er führte eine scharfe Klinge. Jetzt aber, wo die Kontrahenten WARBURGS nicht unter uns weilen, wollen wir den zahlreichen Polemiken nicht nachspüren, uns geht es um die positiven Triebkräfte seines Wirkens.

Betrachten wir WARBURGS Leben, so ist es durch eine radikale, grenzenlose Hingabe an die Wissenschaft gekennzeichnet. Er hatte diese Wahl schon in frühester Jugend getroffen, auch auf Kosten vieler Aspekte des Lebens, die man sonst zum Lebensglück zählt. Er widmete sich der Wissenschaft um ihrer selbst willen. Er war von der Überzeugung durchdrungen, daß die Erweiterung des Wissens der Mühe wert ist und zum Wohl der Menschheit beiträgt. Seine Hingabe an die Wissenschaft war verbunden mit einem großen Sendungsbewußtsein. Er fühlte sich berufen, nach den Sternen zu greifen und als Nachfolger der Großen der Wissenschaft, vor allem von LOUIS PASTEURS, zog eine Parallele zwischen dessen und seinem eigenen Werdegang. Beide waren von der Chemie zur Biologie gekommen. Er selbst sagte: „Ein Wissenschaftler muß den Mut haben, die großen ungelösten Probleme seiner Zeit anzupacken. Lösungen müssen gewöhnlich ohne viel kritisches Zögern durch zahllose Laboratoriumsversuche erzwungen werden."

Selbständiges Denken und unermüdlicher Fleiß sind die Hauptelemente seines Arbeitsstils. Getragen wurden sie von der Überzeugung der Anwendbarkeit von Physik und Chemie auf die Biologie. Er schrieb: „Seit ich begann, selbständig wissenschaftlich zu arbeiten, ist es immer und bis heute mein Thema gewesen, wie weit sich Lebensvorgänge auf Physik und Chemie zurückführen lassen."

Sein Leben verlief überwiegend im Labor, abgesehen von einem jährlichen Urlaub, und er forderte auch von seinen Mitarbeitern dieselbe Einstellung. Einer von ihnen sagte: „Für WARBURG gab es außer Tod keinen vernünftigen Grund, nicht zur Arbeit zu erscheinen."

Er duldete in seinem Institut keine Administration, besaß selbst kein eigenes Büro und hatte kein Verständnis für Menschen, die mit 40–50 Jahren aufhören, produktive Wissenschaftler zu sein und sich der Verwaltung oder anderen Tätigkeiten zuwenden. In der Wissenschaft waren seine Ambitionen grenzenlos, während Äußerlichkeiten ihn kaum interessierten.

Schon aus dem Vaterhaus hatte er eine verachtungsvolle Einstellung zum akademischen Getriebe mitbekommen, das so oft durch Mittelmäßigkeiten bestimmt wird, und das führte auch zu einer entsprechend ironisch herablassenden Einstellung zum Professorentum. Diese wird treffend durch die Verse seiner Schwester Lotte zum Ausdruck gebracht:

„Das höchste Glück, oh Sohn auf Erden,
ist zweifellos Professor werden.
Dafür wär's gut, du könntest was,
jedoch es geht auch ohne das."

Er war ein Gegner des akademischen Tourismus und lehnte selbst die meisten Einladungen zu Vorträgen ab. „Wanderprediger" nannte er die Wissenschaftler, die herumreisen und Vorträge halten und sagte: „Das ist ein ehrenvoller Weg zum Untergang, aber ehrenvoll oder nicht, er führt zum Untergang."

WARBURGS gesamtes Herangehen ist durch die konsequente Anwendung physikalisch-chemischer Methoden gekennzeichnet, wobei es ihm um äußerste Klarheit in der Fragestellung und in der methodischen Durchführung ging. Er identifizierte sich mit der Meinung des großen englischen Physiologen BAYLISS: „Zur Wahrheit kommt man wahrscheinlich eher durch Irrtümer, die klar und eindeutig ausgedrückt sind, als durch verschwommene Vorstellungen."

Ein weiteres Kennzeichen WARBURGS war seine Hartnäckigkeit, die ich selbst erleben konnte. WARBURG hatte 1910 erstmals an roten Blutkörperchen experimentiert und dabei auch die unreifen Zellen bearbeitet, die Retikulozyten, die er MORAWITZ-Zellen nannte nach dem ersten Wissenschaftler, der sie untersucht hatte. 21 Jahre später nahm er diese Forschungen wieder auf — mit hochinteressanten Ergebnissen, die der Ausgangspunkt für meine Arbeiten in den 50er Jahren wurden. Noch in den 60er Jahren, d.h. also mehr als fünf Jahrzehnte nach seinem ersten Interesse an dieser Zellart, faszinierte sie ihn, und er diskutierte mit mir öfter ausführlich die Beziehung zwischen seinen frühen und unseren späteren Ergebnissen und sprach sogar davon, sich wieder diesen Problemen zuzuwenden.

WARBURGS Schreibstil ist Ausdruck seiner Gesamthaltung — er zeichnet sich durch außergewöhnliche Klarheit aus, die durch Einfachheit, Kürze und streng wissenschaftliche Logik erzielt wird. Dabei fand er prägnante Formulierungen, die in genialer Plastizität und Vereinfachung Bewunderung aber auch Bedenken erregen, z.B.: „Ich setze dabei voraus, daß Stoffe, die im Reagenzglas reagieren, unter sonst gleichen Bedingungen auch in der lebenden Zelle reagieren und daß Stoffe, die im Reagenzglas nicht reagieren, auch in der lebenden Zelle nicht reagieren. Die Voraussetzung ist also Einheitlichkeit der unbelebten und belebten Natur in bezug auf die chemischen Vorgänge."

Lassen Sie mich kurz den Lebenslauf WARBURGS erzählen: WARBURG wurde am 8. Oktober 1883 in Freiburg als Sohn des Physikprofessors EMIL WARBURG, eines führenden Vertreters seines Faches, geboren. Im Jahre 1895 verzog die Familie nach Berlin.

Sein Elternhaus übte einen großen Einfluß auf WARBURG aus, aber auch große Gelehrte als von ihm selbst gewählte Vorbilder.

Mit eigenen Worten schildert OTTO WARBURG: „Im Hause meiner Eltern lernte ich die Sterne der Naturwissenschaften kennen, die damals in Berlin versammelt waren: den Chemiker EMIL FISCHER, die Physiko-Chemiker JACOBUS HENRICUS VAN 'T HOFF und WALTHER NERNST, die Physiker PLANCK und EINSTEIN. Von ihnen allen lernte

ich Physik und Chemie, vor allem Chemie in dem Laboratorium von EMIL FISCHER, physikalische Chemie in dem Laboratorium von NERNST und Physik im Strahlungslaboratorium der Reichsanstalt, wo ich unter Leitung meines Vaters Quantenausbeuten photochemischer Reaktionen gemessen habe."
Und weiter: „Das Wichtigste in der Laufbahn eines jungen Naturwissenschaftlers ist enger Kontakt mit den großen Gelehrten seiner Zeit. Das erlebte ich, nachdem EMIL FISCHER mich 1903 in sein Laboratorium aufgenommen hatte. In den folgenden drei Jahren sah ich FISCHER beinahe täglich."

1901 begann OTTO WARBURG sein Chemiestudium und promovierte 1906 bei EMIL FISCHER, seinem lebenslang bewunderten Lehrer, dem zu Gedenken er auch eine Büste vor dem WARBURG-Institut errichten ließ.

FISCHERS Arbeitsstil wurde für ihn maßgebend. Es ging um Verläßlichkeit, Geradheit, Ehrgefühl, Lauterkeit, Verantwortungsbewußtsein und Selbstdisziplin.

Danach absolvierte er das Studium der Medizin, wo er vor allem unter dem Einfluß von LUDOLF KREHL stand, einem der Begründer der Pathophysiologie, und erwarb das Doktorat der Medizin im Jahre 1911. Über seine Beweggründe schreibt er: „Schon während ich Physik und Chemie studierte, begann ich, mich für die Lebensvorgänge zu interessieren, und so begann ich, nachdem ich bei EMIL FISCHER in Berlin in Chemie promoviert hatte, bei LUDOLF VON KREHL in Heidelberg Medizin zu studieren."

Bei seiner ungeheuren Arbeitskraft war für ihn das Medizinstudium eine Nebenbeschäftigung, er widmete sich der Forschung und veröffentlichte „als Medizinstudent" 1908 die erste große Arbeit, der in ununterbrochenem Strom viele andere folgten. Während dieser Zeit waren seine Mitarbeiter u.a. der spätere Nobelpreisträger OTTO MEYERHOF und JULIAN HUXLEY, der bedeutende englische Biologe.

Zwei Jahre nach seiner medizinischen Promotion, als 30jähriger, wurde WARBURG Mitglied der Kaiser-Wilhelm-Gesellschaft, d.h. Leiter einer Forschungsabteilung ohne Lehr- und Verwaltungsverpflichtungen und mit voller Freiheit seines Forschungsgebietes. Seine Anstellung wurde in erster Linie durch den Biologen THEODOR BOVERI und WARBURGS Lehrer EMIL FISCHER gefördert. WARBURG selbst schreibt: „Ich werde es immer als ein Glück betrachten, daß genau zu der Zeit, als meine Lehrzeit in Physik, Chemie und Medizin beendet war, in Berlin das Kaiser-Wilhelm-Institut für Biologie gegründet wurde und daß EMIL FISCHER, der damalige Vizepräsident der Gesellschaft, mich bei der Gründung sogleich als wissenschaftliches Mitglied berief. Seitdem, seit nunmehr 53 Jahren, bin ich bei der Kaiser-Wilhelm-Gesellschaft geblieben und konnte meine ganze Zeit der Forschung widmen, seit 1931 in einem eigenen Institut."

Mit dem ersten Weltkrieg erfuhr WARBURGS wissenschaftliche Tätigkeit eine vierjährige Unterbrechung, er hatte sich freiwillig zum Kriegsdienst gemeldet. 1918–1931 befand sich sein Laboratorium im obersten Stockwerk des Kaiser-Wilhelm-Instituts für Biologie mit ursprünglich sechs und später zehn Arbeitsplätzen.

1931 wurde für ihn ein eigenes Institut für Zellphysiologie in der Garystraße in Dahlem errichtet. Es enthielt alles, was er brauchte, Laboratoriumsplätze, Apparaturen und Einrichtungen zur Verarbeitung großer Mengen Ausgangsmaterials.

Auf Grund einer vier Jahre langen Besetzung durch amerikanische Streitkräfte, die das schöne Gebäude als Sitz ihrer Kommandantur benutzten, konnte WARBURG fünf Jahre lang nicht experimentell arbeiten. Während dieser Zeit schrieb er zwei Bücher: „Wasserstoffübertragende Fermente" und „Schwermetalle als Wirkungsgruppen von Fermenten".

Bis zu seinem Lebensende arbeitete OTTO WARBURG regelmäßig und veröffentlichte experimentelle Arbeiten. Auch die Arbeiten der letzten Periode enthielten noch viele wertvolle Beiträge zur Photosynthese und zum Krebsproblem. Er ersann eine Vielzahl von Verbesserungen seiner grundlegenden manometrischen Methoden und veröffentlichte im Alter von 78 Jahren ein umfangreiches Werk unter dem Titel „Weiterentwicklung der zellphysiologischen Methoden".

Er arbeitete wissenschaftlich nahezu bis zum letzten Tag seines Lebens. Bis eine Woche vor seinem Tode, am 1. August 1970, experimentierte er in seinem geliebten Laboratorium.

Warburg — der Methodiker

WARBURGS Arbeiten kreisten im wesentlichen um drei Probleme:

- Atmung und Gärung,
- Photosynthese und
- das Krebsproblem.

Aber noch höher als irgendein Ergebnis der Forschungen wertete er seine Beiträge als Methodiker. Und in der Tat haben seine Methoden den Weg für Legionen anderer Wissenschaftler gewiesen. Ich nenne die Manometrie, die Methode der Untersuchung von Zellen und Geweben, die vor allem in Verbindung mit der Methodik des Gewebsschnittes zu bahnbrechenden Erfolgen der Biochemie führte.

Mit Hilfe der manometrischen Messung kann man in einem geschlossenen System den Gasstoffwechsel, d.h. den Sauerstoffverbrauch und die Kohlendioxidbildung untersuchen. Um den Austausch zwischen Gewebe und Nährflüssigkeit zu beschleunigen und um ein Gleichgewicht zwischen Gas- und Flüssigkeitsphase zu gewährleisten, werden die Gewebe mit den Manometern in einem Wasserbad bei geeigneter Temperatur, meistens 37°, geschüttelt. Mit Hilfe der manometrischen Messung kann man nicht nur den Gasaustausch, sondern auch indirekt durch Freisetzung oder Aufnahme von Kohlendioxid die Entstehung und den Verbrauch von Säuren messen.

Die manometrische Methode ist darum so elegant, weil sie es erlaubt, den Umsatz direkt zu messen und in ihrer Genauigkeit von dem Vorhandensein von Sauerstoff und Kohlendioxid in beliebigen Mengen nicht beeinträchtigt wird.

Die Häufigkeit der Anwendung der manometrischen Methode ist dadurch belegt, daß in einer Monographie im Jahre 1966 auf 600 Seiten über 100 manometrisch-analytische Verfahren beschrieben werden.

Ein zweites Gebiet, das WARBURG meisterhaft beherrschte, waren die photochemischen Methoden, die er, wie er sagte, von seinem Vater gelernt hatte. Sie verhalfen ihm

Abb. 4 Der „Warburg“-Apparat zur manometrischen Messung des Gasstoffwechsels

zur Entdeckung des Atmungsferments und zu grundlegenden Erkenntnissen in der Photosynthese.

Ein drittes damit eng verwandtes Gebiet war die Photometrie. Im Zusammenhang mit der Entdeckung der Coenzyme, die im sichtbaren oder ultravioletten Licht – je nach ihrem Oxydationszustand – eine spezifische Lichtabsorption aufweisen, die messend verfolgt werden kann, gelang es auf diese Weise, Enzyme zu kennzeichnen, zu messen oder auch die von ihnen umgesetzten Stoffe zu bestimmen. Er nannte dieses Verfahren den optischen Test.

Die von WARBURG ersonnene Methodik wurde der Ausgangspunkt einer umfangreichen industriellen Entwicklung. Man kann sich heute ein modernes Labor, sei es in der Medizin oder in vielen anderen Bereichen der Wissenschaft und Industrie, ohne Anwendung von Spektrophotometern gar nicht vorstellen. Die Methoden der Messung von Enzymen und ihren Substraten oder Produkten revolutionierten das klinische Laboratorium.

Eine vierte methodische Linie betrifft die biologische Ebene: es ist dies die Vereinfachung biologischer Systeme. Mit einem untrüglichen Gespür für geeignete biologische Objekte war WARBURG Pionier in der Nutzung von Einzelzellen, an denen ihm viele seiner grundlegenden Entdeckungen gelangen. Ich nenne das Seeigel-Ei, die rote Blutzelle, die Ascites-Tumorzelle, die Alge Chlorella, die Hefen und viele Bakterienarten. Dort, wo die Natur ihm diese Möglichkeit nicht bot, erzwang er sie durch die

Gewebsschnittmethode. Ihr Grundsatz ist einfach: Liegt ein Gewebe in genügend dünner Schicht vor, so kann die Versorgung mit Nährstoffen, aber auch die Entfernung der Abfallprodukte allein durch Diffusion gesichert werden. Nur wenige Gewebe, wie etwa das Rattenzwerchfell, bieten diese Bedingungen unter natürlichen Verhältnissen.

Der Vorteil dieses Systems besteht darin, daß man eine Vielzahl von Bedingungen einstellen und auch Nährstoffe einsetzen kann, die für den Gesamtorganismus giftig sind, vor allem aber, daß Proben desselben Organs gleichzeitig parallel untersucht werden können. Von seinen Schülern war es vor allem HANS ADOLF KREBS, der mit Hilfe der Gewebsschnittmethode den Harnstoff-und Zitronensäure-Zyklus entdeckte und aufklärte.

WARBURG arbeitete die mathematische Theorie für die maximale Schnittdicke aus und nutzte sie zuerst für die Untersuchung des Krebsproblems.

WARBURG blieb aber nicht bei der Gewebsschnittmethode stehen, deren hauptsächliche Begrenzung in der Barrierefunktion der Zellmembran besteht. So dringen manche zugesetzten Stoffe überhaupt nicht in die Zelle ein, andererseits verhindert die Zellmembran den Verlust von Enzymen und Cofaktoren, so daß deren spezifische Funktion nicht erkannt werden kann.

WARBURG hat unter Nutzung des Zellaufschlusses im Jahre 1913 jene Zellstrukturen, an die die Atmung gebunden ist, entdeckt. Er nannte sie „Grana", wir sprechen heute von Mitochondrien, die erst 30 Jahre später charakterisiert wurden.

WARBURG war ein Meister der Präparierkunst. So hat er nicht nur die schon mehrfach erwähnten Coenzyme der Wasserstoffübertragung, die Flavine und Pyridinnucleotide entdeckt, isoliert und charakterisiert, sondern auch eine Vielzahl von Enzymen mit neuartigen Methoden dargestellt, u.a. 9 der 13 Enzyme der Glykolyse. Neben großer Findigkeit war vor allem ein Prinzip das Geheimnis seines Erfolges, der große Maßstab – er war ein fester Anhänger der These „Nicht kleckern, sondern klotzen."

WARBURGS Forschungen sind ein lehrreiches Beispiel für die Dialektik von Grundlagenforschung und ihrer Anwendung in der Praxis.

Sein voraussetzungsloses auf die biologischen Grundfragen gerichtetes lebenslanges Bemühen hatte Begleitresultate von eminent praktischer Bedeutung. Die Photometrie habe ich schon genannt. Die von ihm entdeckten und zuerst präparierten Enzyme und Coenzyme wurden die Grundlagen einer biochemischen Industrie und der modernen Laboratoriumstechnik. Die Erkenntnis der Coenzymfunktionen führte unmittelbar zu ihrer Erkennung als Vitamine, so daß z.B. die Beseitigung der Pellagra, die früher Millionen Menschen zum unheilbaren Siechtum, Irrsinn oder Tod verurteilte, maßgeblich durch WARBURGS Entdeckung gefördert wurde. Die Feststellung, daß Pyridinnucleotide eine gewisse bakterio-statische Wirkung ausüben, führte zur Entwicklung des noch heute angewendeten Antituberkulosemittels Isonicotinsäurehydrazid. Seine Untersuchungen über die katalytische Wirkung von Metallen führte zum erstmaligen Nachweis der Spurenmetalle Kupfer und Eisen im Blutplasma und auch schon zur Feststellung ihrer charakteristischen Veränderungen bei Anämie. Seine empfindlichen Methoden erlaubten ihm, festzustellen, daß Zellen in unterschiedlichem Umfang Enzyme freisetzen. Dies war die Geburtsstunde der Enzymdiagnostik, ohne die eine moderne Kardiologie, Hepatologie und viele andere Gebiete der klinischen Medizin nicht denkbar wären.

Aber nicht nur aus WARBURGS Stärken, auch aus seinen Schwächen können wir viel lernen: In vieler Hinsicht ist er ein Beispiel dafür, wie eine maßlose Stärke zur Schwäche wird. Seine Selbständigkeit führte ihn zur Selbstherrlichkeit, seine Unabhängigkeit zur mangelnden Kollektivität und damit zur unkritischen Einstellung zur eigenen Leistung. Seine Selbstgenügsamkeit verführte ihn zu mangelndem Respekt vor den Leistungen anderer und zum Subjektivismus in deren Bewertung. Seine polemische Neigung brachte ihn dazu, Personen und nicht die lebende Natur als Kontrahenten zu sehen. Seine Gabe zur großen Verallgemeinerung und Vereinfachung verleiteten ihn zur voreiligen Generalisierung und zu unzulässigen Versimpelungen.

Ich komme zum Schluß: WARBURG war ein Genie, eine unwiederholbare Persönlichkeit. Es wäre ein vergebliches Bemühen, aus seinen Eigenschaften ein Rezept für erfolgreiche wissenschaftliche Tätigkeit abzuleiten, das etwa jeden Adepten zum Nobelpreis führen könnte. Uns steht Bescheidenheit an und Ehrfurcht vor ihm, einem Riesen an Geisteskraft und Energie, der einzureihen ist in die Reihe der Großen der Wissenschaftsgeschichte — GALILEI, PASTEUR und EINSTEIN.

Peter Langen

Stoffwechsel der Tumoren

Das Krebsproblem hat für WARBURG offensichtlich eine ganz besondere Bedeutung gehabt. Das gilt natürlich vor allem für seine wissenschaftlichen Überlegungen und Interessen, für seine wissenschaftliche Neugierde. Darüber hinaus kann man aber schließen, daß er hier eine gesellschaftliche Verpflichtung gesehen hat, mit seinen Arbeiten den leidenden Menschen zu helfen. Nur so kann erklärt werden, mit welcher Vehemenz er seine Positionen in den letzten Jahren verteidigte.

WARBURG faßte den Entschluß, sich dem Krebsproblem zu widmen, bereits sehr früh. Wie HANS KREBS in seinem Nachruf schreibt: „Very early, before he graduated, he fancied making a major contribution to the cancer problem, especially to the cure of cancer." [1] Erwähnt sei auch, daß eine mögliche Krebserkrankung in seinen privaten Überlegungen eine große Rolle gespielt hat, er litt unter einer Art Cancerophobie, war sehr eigen oder sogar sonderbar in der Auswahl seiner Lebensmittel, ließ z. B. eigenes Brot aus ausgewählten Mehlen backen und ähnliches mehr.

WARBURG hat sich dann schon zu Beginn seiner wissenschaftlichen Arbeit Problemen des Wachstums und der Differenzierung zugewandt. So hat er bereits vor dem ersten Weltkrieg an der Stazione Zoologica in Neapel Stoffwechseluntersuchungen am befruchteten Seeigel-Ei durchgeführt mit dem Ergebnis eines starken Anstiegs der Atmung gleich in den ersten Minuten nach der Befruchtung. [2]

Die hier gefundene Korrelation zwischen Zellteilung und Stoffwechsel ermutigte ihn dann bereits 1923 bei Tumoren – gekennzeichnet durch unreguliertes Wachstum – nach Stoffwechselunterschieden zu normalen Geweben zu suchen.

Er hat dazu zu Beginn seiner Arbeiten ausgeführt: „... so werden wir weiter fragen, ob die Ordnung des Wachstums in dem Stoffwechsel zum Ausdruck kommt. Unterscheidet sich der Stoffwechsel der ungeordnet wachsenden Tumoren von dem Stoffwechsel der geordnet wachsenden Embryonen? Diese Frage zielt auf den Kern des Tumorproblems. Die Aussichten, sie zu lösen, wird man im allgemeinen für gering halten, mit Recht, wenn es allein die formbildenden Kräfte sind, die den Tumoren fehlen. Denn von allen Problemen der Physiologie ist das Formproblem das unzugänglichste.

Doch erscheint es von vornherein zweifelhaft, ob zwischen dem Wachstum der Jugend und dem Wachstum der Tumoren wirklich nur derartig feine und unfaßbare, nicht vielmehr grobe physikalisch-chemische Unterschiede bestehen. Wer in der

Carcinomfrage weiter kommen will, muß sich auf den zweiten Standpunkt stellen. Wir haben es getan und werden im folgenden zeigen, daß er der richtige Standpunkt ist." [3]

Mehr als 40 Jahre später hat er dann auf einem Mosbacher Kolloquium der Gesellschaft für physiologische Chemie über die Molekularen Grundlagen des malignen Wachstums erklärt: „Unter diesen Umständen muß man sich fragen, warum nichts zur Verhütung des Kebses getan wird, obwohl sich die Experten darüber einig sind, daß die Mehrzahl der Krebsvorkommen verhütet werden könnte ... Die Antwort auf die gestellte Frage ist meines Erachtens, daß von einer Schar von Krebsforschern das Dogma verbreitert wird, daß man nicht weiß, was der Krebs ist. Wie aber sollte man etwas verhüten, von dem man nicht weiß, was es ist?

Wenn man aber nunmehr weiß, was der Krebs ist, genauer als man weiß, was die Pest ist, so muß das Dogma des Agnosticismus fallen und man hat keine Ausrede mehr, die Verhütung des Krebses hinauszuschieben. Der Nutzen der vorgetragenen Versuche also könnte sein, daß man mit der Verhütung beginnt." [4] Dem wurde in der Diskussion natürlich widersprochen und es entwickelte sich eine heftige Auseinandersetzung, die von WARBURG mit außerordentlicher Aggressivität geführt wurde.

Ich denke, daß WARBURG sich hier in einem Dilemma befand, das nicht nur ihn, sondern viele experimentelle Krebsforscher betraf bzw. betrifft. Sie sammeln – wenn sie gewissenhaft sind – über Jahre wertvolle Daten über die Eigenschaften und Ursachen des Krebses, über das Anders-Sein der Krebszelle und sehen dann schließlich, etwa am Ende ihrer Laufbahn, daß sie trotzdem nichts in den Händen haben, um den Patienten zu helfen. Offensichtlich hat selbst ein so großer Geist wie WARBURG unter diesen Bedingungen nicht die philosophische Geduld aufgebracht, abzuwarten und darauf zu bauen, daß gute Ergebnisse auf dem Gebiet der Grundlagenforschung über Krebs sich letztlich auch einmal für den Patienten auszahlen werden und es einer verfrühten vordergründigen „Praxisorientierung" nicht bedarf, daß diese eher Schaden anrichten kann. Und so hat er dann der Versuchung nicht widerstehen können, so zu argumentieren, wie er es getan hat.

K. H. BAUER soll einmal sinngemäß gesagt haben: „Alles, was die Krebsforschung bisher an für den Patienten Nützlichem erbracht hat, kann man auf einer Visitenkarte notieren." Ich habe diesen Satz oft von Professor GUMMEL (ehemaliger Direktor der Robert-Rössle-Klinik der Akademie, einer Spezialklinik zur Krebsbehandlung) gehört, nicht abschätzig gemeint, nicht als Vorwurf, aber als Mahnung. Ich glaube, in diesem Zusammenhang muß man das Auftreten WARBURGS sehen und wird ihn dann besser verstehen in seinen Bemühungen, aus seinen Ergebnissen Empfehlungen für die Tumorprophylaxe abzuleiten, bzw. über die Zusammenarbeit mit Prof. VON ARDENNE doch noch zu einem Beitrag zur Krebsheilung zu kommen.

Nicht, welche falschen Schlußfolgerungen ein Entdecker aus seinen Arbeiten zieht, ist letztlich wirklich wichtig, sondern, welchen Einfluß seine richtigen Ergebnisse auf die weitere Entwicklung gehabt haben. Hier ist die Bedeutung von WARBURGS Arbeiten unbestritten und wird auch von seinen Opponenten anerkannt.

Was war denn nun richtig? Richtig war und ist, daß die meisten Tumoren eine hohe aerobe Gärung haben, die in ihrem Umfang mit der Malignität und der Schnelligkeit des Wachstums korreliert. Vergleicht man z.B. eine Reihe von Morris-Hepatomen mit zunehmender Malignität, sieht man, daß die Gärung entsprechend ansteigt.

Es gibt aber auch, und das waren die ersten Argumente gegen Warburg, Morris-Tumoren, die sich biochemisch nur geringfügig von der Leber unterscheiden. Sie wachsen langsam, sind aber eindeutig maligne und töten nach einiger Zeit den Wirt. Diese Tumoren gären nicht. Tabelle 1 zeigt Stoffwechselgrößen für Tumoren und Normalgewebe. Sie ist allerdings nicht von Warburg, sondern von Weinhouse, einem seiner Opponenten, zusammengestellt worden, beruht aber auf Warburgs Daten und denen von Dean Burk, einem getreuen Gefolgsmann Warburgs. Möglicherweise hätte Warburg aber andere Werte zusammengestellt. Weinhouse hat bemerkt, daß er den von der Zeitschrift für Krebsforschung angeforderten Leitartikel über „50 Jahre Warburg-Theorie“ [5], in dem diese Zusammenstellung enthalten ist, nur sehr ungern geschrieben hat, da Warburg dazu nicht mehr Stellung nehmen konnte.

Tabelle 1 Stoffwechselgrößen verschiedener Gewebe (nach Weinhouse [5])

Gewebe	Q_{O_2}	$Q^{N_2}_{CO_2}$	$Q^{O_2}_{CO_2}$	Pasteur Effect	Ref.
13 menschliche Tumoren	5.3 (2–6)	20.5 (13–29)	13.3 (5–19)	7.2 (3–11)	Warburg (1926)
14 Normalgewebe verschiedener Tiere	9.3 (3–21)	7.2 (2–19)	2.1 (0–10)	5.1 (1–16.5)	Burk (1939)
15 verschiedene Tumoren von Tieren	11.8 (5.3–19.8)	25.6 (14.0–34.8)	14.0 (4.7–24.6)	11.6 (6.3–17.8)	Burk (1939)
Eleven Flexner-Jobling Carcinom	8.0 (3.5–13)	32.1 (27–37)	24.6 (19–28)	7.0 (3–9)	Warburg (1926)

Man sieht, daß Tumoren stärker gären als normale Gewebe, diese aber durchaus auch gären. Man sieht weiter, daß sie einen normalen Pasteur-Effekt haben, d.h., die Atmung unterdrückt die Gärung. Man sieht schließlich, daß Tumore normal atmen.

Es ist für mich besonders verblüffend, daß Warburg später immer behauptet hat, daß eine geschädigte Atmung die Ursache der Krebsentstehung sei, aus seinen eigenen Daten geht das eigentlich nicht hervor. In seiner ersten Arbeit aus dem Jahre 1923 über das Flexner-Jobling-Carcinom schreibt Warburg sogar noch, daß er zwei wesentliche Dinge entdeckt hätte: die Tumor-Atmung sei normal, die aerobe Gärung stark erhöht. [6]

Richtig an den Warburgschen Arbeiten ist also, daß die Gärung erhöht ist, daß aber darin und in einer gestörten Atmung die Ursache der Krebsentstehung liegt, ist zumindest höchst unwahrscheinlich.

Gestatten Sie mir, einige Minuten darauf zu verwenden, wie wir heute „die letzte Ursache des Krebses", um mit WARBURGS Worten zu reden, sehen. Woran würde, sozusagen, WARBURG heute arbeiten, wenn er wie seinerzeit an der vordersten Front der Untersuchungen der Ursachen des Krebses stehen würde. Das Gebiet ist heute nicht so sehr der Stoffwechsel, sondern die Genetik, was nicht verwundert. Hier hat es in den letzten Jahren und auch in diesem Jahr eine Reihe aufsehenerregender Ergebnisse gegeben, die sensationell zu nennen man nur zögert, weil sie noch nicht den Test der Zeit bestanden haben und es noch einige „Wenns" und „Abers" gibt. Danach sind für Krebs bestimmte Gene, auch Oncogene genannt, verantwortlich. Diese Gene entsprechen normalen zellulären Genen, deren Funktion noch unklar ist, und die Krebs verursachen, wenn ihre Expression gestört, meist zur unrechten Zeit gesteigert ist, wobei die Gründe dafür vielfältig sein können. [7] So kann es sich z.B. um Ortsveränderungen dieser Gene im Genom handeln, wie sie durch oncogene Viren verursacht werden oder wie sie durch Translokation (klassisches Beispiel des Philadelphia-Chromosom bei Leukämien) erfolgen. Aber auch Mutationen kommen in Frage. Die physiologische Funktion der Genprodukte dieser Oncogene ist noch unklar. Vielfach handelt es sich um Protein-Kinasen, die bestimmte Membran-Proteine phosphorylieren. Es gibt auch Befunde, daß Gärungsenzyme phosphoryliert werden, so die Enolase, Phosphoglycerat-Mutase, Lactat-Dehydrogenase [8] und – von besonderer Bedeutung – auch die Pyruvat-Kinase [9]. Weiterhin wird der Hexose-Transporter phosphoryliert [10], was für den erhöhten Glucose-Transport in Tumorzellen von Bedeutung sein könnte.

Es gibt also noch eine Chance, daß die Produkte der Oncogene über die Atmung und Gärung wirksam werden. So könnte WARBURG doch noch in gewisser Hinsicht recht bekommen, allerdings in einer Weise, die er nicht erwartet hat und auch nicht erwarten konnte.

Zurück zu den WARBURGschen Ergebnissen. Ich möchte noch auf zwei Aspekte eingehen: 1. Wie erklärt man die erhöhte Gärung? 2. Wozu könnte sie gut sein?

Es hat zahlreiche Bemühungen gegeben, die Erhöhung der Gärung zu erklären und aus heutiger Sicht fehlt es uns nicht an Erklärungsmöglichkeiten, sondern eher an Entscheidungskriterien, aus der Fülle der Möglichkeiten diejenige herauszugreifen, die entscheidend ist.

Man könnte natürlich auch annehmen, daß in verschiedenen Tumoren verschiedene Ursachen verantwortlich sind. Das würde wieder WARBURG in dem Sinne Recht geben, als man dann folgern könnte: Wenn, egal über welche Mechanismen die Gärung erhöht wird, in jedem Falle Krebs entsteht, dann sollte der Gärung tatsächlich eine ursächliche Bedeutung zukommen. Für eine solche Annahme gibt es aber keinen Anlaß; wir sind auf der anderen Seite aber auch nicht in der Lage, uns für eine der Möglichkeiten zu entscheiden.

Erklärungsmöglichkeiten sind in Tabelle 2 dargestellt (s. auch Übersichtsartikel von SCHNEIDER [11]).

Tabelle 2 Mögliche Ursachen für aerobe Gärung der Tumoren

1. Mangelnder Transport cytoplasmatischen Wasserstoffs in die Mitochondrien (über α-Glycerophosphat, Malat und Fettsäuren)
2. Veränderter Pyruvat-Stoffwechsel
   a) Ungenügende oxidative Pyruvat-Decarboxylierung
   b) Hohe Pyruvat-Kinase (ev. Schlüsselenzym der Gärung), die mit Atmung um ADP konkurriert. Fötales Isoenzym.
3. Erhöhte ATPase-Aktivität
   - Mitochondriale ATPase
   - Na, K-ATPase
   - Unbekannte ATPasen
4. Veränderte Hexokinase, Phosphofruktokinase
   Hexokinase an Mitochondrien gebunden, fötaler Isoenzym-Typ, keine allosterische Regulation
   Phosphofruktokinase, erhöhter Gehalt, Schlüsselenzym der Gärung

1. Ein gestörter Transport cytoplasmatischen Wasserstoffs in die Mitochondrien. Das wurde bei einigen Tumoren gefunden, bei anderen aber nicht.

2. Ein veränderter Pyruvat-Stoffwechsel, der besonders interessant ist. Hier wurde zum einen eine ungenügende Pyruvat-Oxydation angenommen, so daß zuviel Pyruvat für Reduktion zu Milchsäure übrig bleibt. Andererseits wurde gefunden, daß die Pyruvat-Oxydation in EHRLICH Ascites Carcinom-Zellen durch Zusatz von Pyruvat noch gesteigert werden konnte, die Kapazität des Enzyms also noch nicht ausgelastet war.

Von besonderem Interesse ist nach WEINHOUSE die Pyruvat-Kinase, die mit der Atmung um das ADP konkurriert. [12] Nach seinen Angaben soll der Gehalt an diesem Enzym mit dem Wachstum und der Maliginität korrelieren.

Außerdem tritt in zunehmendem Maße ein fötales Isoenzym auf. Ich erwähnte bereits, daß das Enzym auch durch Genprodukte der Oncogene phosphoryliert wird. Es gibt aber Befunde, nach denen die Pyruvat-Kinase nicht das Schlüsselenzym der Gärung ist. [13]

3. Eine Erhöhung von ATPasen, die natürlich zu einer Erhöhung des ADP-Spiegels führt. Dadurch wird die Gärung in ihrer Konkurrenz mit der Atmung um diese Verbindung entlastet und steigt an.

4. Eine Veränderung und Erhöhung von Glucokinasen, die u.a. von SCHULZ, BAUFELD, HOFFMANN, T. A. RAPOPORT, HEINRICH und S. M. RAPOPORT als geschwindigkeitsbestimmend für die Gärung in Ascites-Tumorzellen erkannt wurden. [13] Die Phosphofructokinase ist auch aus weiteren Gründen, auf die ich noch eingehen werde, interessant.

Soviel zu den möglichen biochemischen Grundlagen einer erhöhten Gärung.

Lassen Sie mich im letzten Teil meiner Ausführungen auf die Frage eingehen, welche Rolle die erhöhte Gärung spielen könnte. Könnte es sein, daß die Gärung für die

Zellproliferation allgemein von Bedeutung ist (s. z.B. [14]), daß z.B. der eingangs erwähnte Zusammenhang zwischen Gärung und Malignität bei den MORRIS-Hepatomen einfach darauf beruht, daß die maligneren Formen deswegen als besonders maligne eingestuft werden, weil sie schneller wachsen?

WARBURG hätte das sicher bestritten und hat immer wieder Befunde dafür angeführt, daß normale wachsende Gewebe nicht gären. Das wurde von DEAN BURK an der regenerierenden Leber gezeigt, WARBURG selbst hat embryonales Gewebe untersucht, das „Wachstum der Jugend", um mit seinen Worten zu sprechen.

Auf der anderen Seite ist gezeigt worden, daß Tumorzellen auch ohne Gärung wachsen können, so wenn man sie in Kultur auf Galactose statt Glucose züchtet, z.B. [15].

Also einerseits gären nicht alle wachsenden normalen Gewebe, andererseits ist die Gärung auch nicht für Tumoren obligat. Es könnte aber doch sein, daß die Gärung nicht eine grundsätzliche Voraussetzung für alles Wachstum ist, daß sie aber doch in bestimmten Situationen, die immer wieder auftreten, einen Selektionsvorteil für die wachsende Zelle darstellt.

Man denkt da zunächst an die mangelnde Gefäßversorgung von Tumoren, wo unter Sauerstoff-Mangel die Gärung von Vorteil wäre. Aber so einfach kann es nicht immer sein: Wo kein Sauerstoff ist, ist sicher auch Glucose knapp und es wird viel Glucose gebraucht für die Gärung. Unter 4–5 mg/100 ml gären Tumore nicht mehr, sondern verbrauchen Lactat. Wie sich schlecht versorgte Tumoren halten, ist eine noch immer offene Frage, ich komme darauf an einem konkreten Beispiel zurück.

Interessanterweise hat WARBURG schon in den zwanziger Jahren Versuche zur Abtötung von Tumorzellen am lebenden Tier durch Energiemangel durchgeführt. [16] Das Ergebnis entsprach vielleicht nicht seinen Hoffnungen: Hemmte er die Gärung über eine Absenkung der Glucose durch Insulin-bedingten hypoglycämischen Schock, so überlebten die Tumoren. Verminderte er dagegen die Atmung dadurch, daß er die Tiere in bestimmten Gasgemischen hielt, so starb ein Teil der Tumorzellen ab. WARBURG verglich nach diesem Befund die Tumorzellen mit den ja auch durch eine hohe Gärung ausgezeichneten Hefen, die ebenfalls von Sauerstoff abhängig sind.

Viele Untersuchungen über Wachstumsregulation werden an Zellkulturen gemacht. Nach WEINHOUSE geht der in vivo beobachtete Unterschied zwischen Tumoren und Normalgewebe in vitro verloren, und alle Zellen gären in vitro. WARBURG bestreitet das oder deutet es anders.

Es ist sicher müßig, diese Befunde im einzelnen zu studieren, um zu sehen, wer recht hat. Sie wurden zu einer Zeit erhoben, als unsere Vorstellungen über Zellproliferation noch völlig unterentwickelt waren. Heute wissen wir, daß selbst histologisch einheitliche proliferierende Zellen sich in sehr verschiedenen Stadien befinden können: in den vier verschiedenen Phasen des Zellcyclus, im Übergang von der Ruhe zur Proliferation oder umgekehrt, in Dichte-abhängiger Hemmung und unter dem Einfluß der verschiedensten Faktoren aus Medien und Seren, die sehr unterschiedlich sein können und schlecht definiert sind. Könnte die Gärung nicht nur für bestimmte Stadien wichtig sein?

WARBURG hat behauptet, daß er die Gärung durch Zellkultur hervorrufen könne und daher die Zellkultur cancerogen sei. Das ist sicher richtig, wir wissen heute, daß in der Tat kultivierte Zellen sich in Richtung Malignität verändern, wobei als erstes Kennzeichen Unsterblichkeit auftritt. Wenn man sich WARBURGS Ergebnisse aber ansieht, so findet man, daß die Gärung nicht immer da ist. [17] Sie tritt auf am Ende einer Passage, also bei hoher Zelldichte, verliert sich aber wieder bei Anlage von Subkulturen, wenn die Zellen verdünnt werden. Also Gärung nur in bestimmten Stadien.

Lassen sie mich einen weiteren Befund erwähnen, der von ROZENGURT in London, einem sehr bekannten Spezialisten auf dem Gebiet der Wachstumsregulation, erhoben wurde. [18, 19] 3T3 Fibroblasten, eine permanente Zellinie mit besonders guter Dichte-abhängiger Hemmung, wurden aus dieser Hemmung heraus mit Serum zur Proliferation stimuliert. Dabei trat eine starke Erhöhung der Gärung auf, die sich auch in Homogenaten der Zellen nachweisen ließ. Eine solche Erhöhung der Gärung wurde auch nach Transformation der Zellen mit oncogenen Viren gefunden. Als Ursache der Gärungs-Erhöhung konnte eine Aktivierung der Phosphofructokinase erkannt werden, die, wie schon erwähnt, als ein Schlüsselenzym der Gärung angesehen wird. Anstelle von Serum können auch Insulin und Epidermis-Wachstumsfaktor, also definierte Stoffe mit proliferationsstimulierender Wirkung, diesen Effekt auslösen.

Ist also die Phosphofructokinase ein wichtiges Enzym für die Zellproliferation? Wenn ja, warum und wie wird der Anstieg bewirkt? Offene, interessante Fragen, die letztlich auf WARBURG zurückgehen.

Lassen Sie mich zum Abschluß noch kurz auf einige eigene Untersuchungen eingehen, nicht weil ich glaube, daß das die wichtigsten sind, für die die Befunde WARBURGS heute noch eine Bedeutung haben, sondern weil ich diese Bedeutung daran vielleicht am lebendigsten darstellen kann. Es kommt darin aber auch eine sehr direkte Beziehung zu den WARBURGschen Arbeiten zum Ausdruck. WARBURGS Schüler NEGELEIN hat Jahrzehnte in Buch gearbeitet und HELENE GRAETZ, die heute die Versuche bei uns durchführt, war seine langjährige Mitarbeiterin. NEGELEIN selbst hat schon an den ersten Arbeiten von WARBURG über Tumoren zu Beginn der zwanziger Jahre mitgewirkt.

Unser Objekt ist das EHRLICH Ascites Carcinom, ein Carcinom, das WARBURG in den letzten Jahren besonders gern bearbeitet hat, weil es in Form von Einzelzellen in einer Suspension in der Bauchhöhle der Maus wächst. Dadurch brauchte er nicht seine berühmten Dünnschnitte für die manometrische Messung herzustellen, gegen die es gelegentlich Einwände gegeben hatte. Außerdem haben diese Carcinom-Zellen eine Eigenschaft, die WARBURGS Vorstellungen besonders entsprach: Sie haben eine sehr hohe Gärung, fast das doppelte von den zuerst gefundenen Werten. Übrigens handelt es sich um einen besonders alten Tumor, der zu Beginn des Jahrhunderts von PAUL EHRLICH eingeführt wurde, ein Mamma-Carcinom.

Das Wachstumsverhalten dieses Tumors in vivo zeigt nach einer Phase schnellen, fast logarithmischen Wachstums (bis etwa 7. Tag nach Transplantation) eine stationäre

Phase (12.–14. Tag), in der die Zellen zwar lebend bleiben, sich aber nicht vermehren. [20] Das ist eine spezielle Eigenschaft des EHRLICH Ascites Carcinoms, die man bei anderen Ascites-Tumoren, wie der berühmten Leukämie L1210, einem Tumor, der WARBURG noch unbekannt war, nicht findet, da dieser Tumor den Wirt schon nach 7 Tagen tötet, also die stationäre Phase kaum erreicht. EHRLICH Ascites Carcinom Zellen sind offenbar weniger invasiv, sie wachsen vorwiegend in der Bauchhöhle der Maus und erreichen dort erhebliche Konzentrationen, bis zu über einer Milliarde Zellen/Maus. Eine offene Frage ist, was die stationäre Phase verursacht. Nach verschiedenen Angaben, u.a. von WARBURG selbst, steht den Zellen kaum Glucose zur Verfügung, also auch kaum Sauerstoff. Wie die Zelle das überlebt, ist eigentlich ein Wunder. WARBURG hat dazu 1952 geschrieben: „Daß die Ascites-Zellen trotzdem im Körper am Leben bleiben, ist erstaunlich und gibt zu der Frage Anlaß, mit wie wenig Energie Krebszellen im Körper auskommen können." [21]

Es gibt jedoch auch Befunde, nach denen die Zellen gar nicht so schlecht versorgt sind. So haben KEMP und MENDEL (Amsterdam) nachgewiesen, daß die Maus durchaus die notwendigen Glucose-Mengen in die Bauchhöhle sezernieren kann. [22] Das ist erstaunlich, wenn man bedenkt, daß die Carcinom-Zellen in einer Maus im stationären Stadium etwa 500 mg Glucose/Tag verbrauchen und der gesamte Glucosegehalt einer Maus (Blut-Glucose und Leber-Glycogen) etwa 50 mg beträgt. Die Erklärung liegt darin, daß die Maus das gebildete Lactat wieder aufnimmt und in der Leber zu Glucose zurückverwandelt. So kommt es zu einer Art Recycling der Glucose. Wenn also nicht Energiemangel die Ursache der stationären Phase ist, gibt es etwa eine endogene Regulierung des Tumorwachstums, z.B. einen natürlichen reversiblen Wachstums-Inhibitor? Eine Frage, der u.a. auch wir nachgegangen sind. [23]

NEGELEIN hat in Buch ein Zellkultur-System entwickelt, in dem man solche Zellen aus der Maus dann in vitro weiterzüchten kann. Auch WARBURG hatte in Dahlem etwa gleichzeitig ein solches System entwickelt. Es enthält wenig Sauerstoff und der größte Teil der Energie wird durch die Gärung gedeckt. Interessanterweise ist Sauerstoff in einer Konzentration, wie sie in der Luft enthalten ist, zunächst für die Zellen sogar schädlich, sie sind sozusagen offenbar nicht mehr an ihn gewöhnt.

Bringt man nun Zellen aus der stationären Phase in Kultur, so nehmen sie die Proliferation wieder auf. Dieser Prozeß ähnelt also dem vorhin beschriebenen, von ROZENGURT an 3T3 Zellen untersuchten. Interessant ist nun, daß wir diesen Prozeß durch einen von uns isolierten natürlichen Proliferations-Inhibitor hemmen können.

Und noch mehr: Wir können die Hemmung durch Insulin und Epidermis-Wachstumsfaktor wieder aufheben, also Stoffe, die sich bei ROZENGURT als die Gärung fördernd erwiesen haben. Wie wird sich die Gärung unter diesen Bedingungen verhalten, wie die Phosphofructokinase? Interessante offene Fragen, die durch die Beschäftigung mit WARBURG angeregt wurden und sich mit dem NEGELEIN-System untersuchen lassen.

Noch ein Befund: EHRLICH Ascites Carcinom-Zellen können unter Sauerstoff-Ausschluß bei intakter Gärung nicht mehr proliferieren, weil sie die für die DNS-Synthese erforderliche Desoxyribose nicht mehr herstellen können. [24]

Hier handelt es sich um einen besonders mit der Proliferation verbundenen Redox-Prozeß, bei dem durch die Ribonucleotid-Reduktase aus Ribonucleosid-diphosphaten 2'-Desoxyribonucleosid-Diphosphate gemacht werden.

Welche Beziehungen hat dieses Enzym zur Gärung oder zur Atmung? Ich darf noch erwähnen, daß sich nach unseren neueren Untersuchungen die Wirkung des natürlichen Inhibitors nicht nur durch Insulin und Epidermis-Wachstumsfaktor, sondern auch durch Desoxyriboside aufheben läßt. Hier mögen also ganz neue Zusammenhänge erkennbar werden.

Ich bin damit am Ende meiner Ausführungen. Ich hoffe, es ist mir gelungen, WARBURG gerecht zu werden, zu zeigen, daß seine Betrachtung des Stoffwechsels der Krebszelle auch heute, im Zeitalter der Molekularbiologie, noch interessant und stimulierend ist, vielleicht auch, daß hier in der DDR eine besondere, z.T. sehr direkte Beziehung zu diesen Arbeiten WARBURGS besteht.

Als ich die Einladung zu dem Vortrag hier erhielt, habe ich mich natürlich sehr gefreut, weil ich es als eine Ehre ansah, zu der heutigen Veranstaltung beizutragen. Bei der Vorbereitung habe ich dann festgestellt, daß ich es nicht etwa nur mit Fakten von historischer Bedeutung (historisch in des Wortes doppelter Bedeutung: sowohl außerordentlich als aber auch nicht mehr unserer Zeit entsprechend) zu tun hatte.

Ich las, überdachte und lernte Vieles, das mir für unsere aktuellen Arbeiten Anregungen gab. Und was kann man besseres über eine Entdeckung, eine Theorie in ihrem 60. Geburtsjahr sagen.

Literatur

[1] H. A. KREBS: Nachruf vor der Royal Society.

[2] O. WARBURG: Über den Stoffwechsel der Tumoren, Springer-Verlag, Berlin 1926, S. 12.

[3] Ebenda, S. 115.

[4] O. WARBURG in: Molekulare Biologie des malignen Wachstums, hg. von H. Holzer, Springer-Verlag Berlin-Heidelberg-New York 1966, S. 1.

[5] S. WEINHOUSE: Z. Krebsforschung **87**, 115 (1976).

[6] O. WARBURG: Über den Stoffwechsel der Tumoren, Springer-Verlag, Berlin 1926, S. 90.

[7] J. D. ROWLEY: News and Views in: Nature **301**, 290 (1983).

[8] J. A. COOPER, N. A. REISS, R. J. SCHERZ and T. HUNTER: Nature **302**, 218 (1983).

[9] P. PRESEK, H. GLOSSMANN, E. EIGENBRODT, W. SCHONER, H. RÜBSAMEN, R. R. FRIIS and H. BAUER: Cancer Res. **40**, 1733 (1980).

[10] D. W. SALTER, S. A. BALDWIN, G. E. LIENHARD and M. J. WEBER: Proc. Natl. Acad. Sci. **79**, 1540 (1982).

[11] F. SCHNEIDER: Naturwissenschaften **68**, 20 (1981).

[12] M. GONSALVEZ, J. PERÉZ-GARCIA and S. WEINHOUSE: Europ. J. Biochem. **46**, 133 (1974).

[13] J. SCHULZ, A. BAUFELD. E. HOFMANN, T. A. RAPOPORT, R. HEINRICH und S. M. RAPOPORT: Acta biol. med. Germ. **36**, 1379 (1977).

[14] E. EIGENBRODT and H. GLOSSMANN: Trends Pharmacol. Sci. **1**, 240 (1980).
[15] R. AVERDUNK und E. LISS: Z. Naturforschg. **26b**, 595 (1971).
[16] O. WARBURG, F. WIND und E. NEGELEIN: Klin. Wochenzeitschrift **5**, 829 (1926).
[17] O. WARBURG, K. GAWEHN und A. W. GEISSLER: Z. Naturforschg. **13b**, 61 (1958).
[18] I. DIAMOND, A. LEGG, J. A. SCHNEIDER and E. ROZENGURT: J. Biol. Chem. **253**, 866 (1978).
[19] J. A. SCHNEIDER, I. DIAMOND and E. ROZENGURT: J. Biol. Chem. **253**, 872 (1978).
[20] P. LANGEN, H. GRAETZ, W. LEHMANN und R. SAMTLEBEN: Sitzungsberichte der Akademie der Wissenschaften der DDR 10 N (1982).
[21] O. WARBURG und E. HIEPLER: Z. Naturforschg. **7b**, 193 (1952).
[22] A. KEMP and B. MENDEL: Nature **180**, 131 (1957).
[23] F. D. BÖHMER, W. LEHMANN, H. E. SCHMIDT, P. LANGEN and R. GROSSE: Exp. Cell Res. **150**, 466 (1984).
[24] M. LÖFFLER, G. SCHIMPFF-WEILAND and H. FOLLMANN: FEBS Letters **156**, 72 (1983).

Eberhard Hofmann

Enzyme – die Katalysatoren der lebendigen Substanz

Otto Warburgs bahnbrechende Arbeiten über die katalytischen Mechanismen von Atmung und Gärung knüpften an die großen naturwissenschaftlichen Entdekkungen des 19. und angehenden 20. Jahrhunderts an: 1. an die Arbeiten von Davy, Berzelius, Faraday und Doebereiner zur Katalyse, insbesondere zur Schwermetallkatalyse an Oberflächen, 2. an die Arbeiten von Claude Bernard über die Bindung von Kohlenmonoxid an Hämoglobin, die toxischen Wirkungen der Blausäure auf die Atmung und die Reversibilität der Narkotikawirkung auf zelluläre Vorgänge, 3. an die Arbeiten von Louis Pasteur über die Atmung und Gärung von Hefen und anderen Mikroorganismen, 4. an die Entdeckung von John Scott Haldane, daß Kohlenmonoxid-Eisen-Komplexe durch Licht dissoziiert werden können, 5. an das photochemische Äquivalenzgesetz Albert Einsteins und die Begründung der quantitativen Photochemie durch seinen Vater Emil Warburg.

Otto Warburg, der auf Grund der Stellung seines Vaters schon in seiner Jugend die Bekanntschaft der großen Geister der Naturwissenschaften dieser Zeit machte, war bereits frühzeitig davon zutiefst überzeugt, daß es ihm gelingen wird, die großen biologischen Probleme seiner Zeit – die Prozesse der Energiegewinnung in lebendigen Systemen: Atmung, Gärung und Photosynthese – erfolgreich bearbeiten, vielleicht sogar lösen zu können.

Auf einem 1966 aufgenommenen Tonband sagte der 83jährige: „Seit ich begann, selbständig wissenschaftlich zu arbeiten, ist es immer und bis heute mein Thema gewesen, wieweit sich Lebensvorgänge auf Physik und Chemie zurückführen lassen. Ich entdeckte die chemische Natur der Fermente, der Wirkstoffe des Lebens, von denen Willstätter noch im Jahr 1930 gesagt hatte, daß sie chemisch unerklärbar seien. Ich entdeckte den chemischen Mechanismus der Zellatmung, den chemischen Mechanismus der Wasserstoffübertragung im Leben und damit den Mechanismus aller Gärungen. Ich entdeckte die Quantenchemie der Photosynthese." (Abb. 1)

Warburgs Arbeiten über die Zellatmung und die daran beteiligten Enzyme begannen im Jahre 1908. Seine Hauptobjekte waren zunächst Seeigeleier und rote Blutzellen, später, als er sich dem Studium von Gärung und Glykolyse widmete, gesellten sich zu ihnen Hefe, verschiedene Arten von Bakterien und tierische Gewebe, darunter zahlreiche Tumoren; das dominierende Objekt seiner Arbeiten über die Photosynthese und die Nitratreduktion war die einzellige Alge Chlorella (Abb. 2).

Abb. 1 Otto Warburg im Laboratorium (aus: Hans Krebs: Otto Warburg, Zellphysiologe, Biochemiker, Mediziner, Wiss. Verlagsgesellschaft Stuttgart 1979)

Auf allen diesen Gebieten – Atmung, Gärung, Photosynthese – verdanken wir WARBURG grundlegende Entdeckungen, die zum bleibenden, gegenwärtig schon anonym gewordenen Wissensschatz geworden sind und die weitere Forschung in unerhörtem Ausmaß stimuliert haben. Die Erforschung der Atmung von Seeigeleiern – sie begann damit, daß er im Jahre 1908 an der Zoologischen Station Neapel eine fünf- bis sechsfache Steigerung der Sauerstoffaufnahme dieser Eier nach ihrer Befruchtung fand – und die Hemmbarkeit ihrer Atmung durch Blausäure und Narkotika führte WARBURG gemeinsam mit OTTO MEYERHOF zu der Untersuchung der Atmung von abgetöteten Zellen und von Zellfragmenten (Abb. 3).

Bereits vor dem ersten Weltkrieg konnte WARBURG sauerstoffverbrauchende „Körnchen" aus Seeigeleiern und Leberzellen gewinnen und nachweisen, daß die sogenannte strukturfreie Zellflüssigkeit nur eine minimale Sauerstoffzehrung zeigt.

Seine Habilitationsschrift 1911 „Über die energieliefernden Reaktionen in lebenden Zellen" – ganze neun Seiten umfassend – kommt zu wegweisenden Schlußfolgerungen: „Die Fermente der energieliefernden Reaktionen befinden sich nicht im flüssigen Zellinhalt, sondern sind an die Membranen und Strukturteile adsorbiert" (Abb. 4).

„Durch geeignete Methoden nämlich kann der flüssige Protoplasmainhalt der Zellen von den festen Strukturteilen getrennt werden. Der flüssige Protoplasmainhalt zeigte

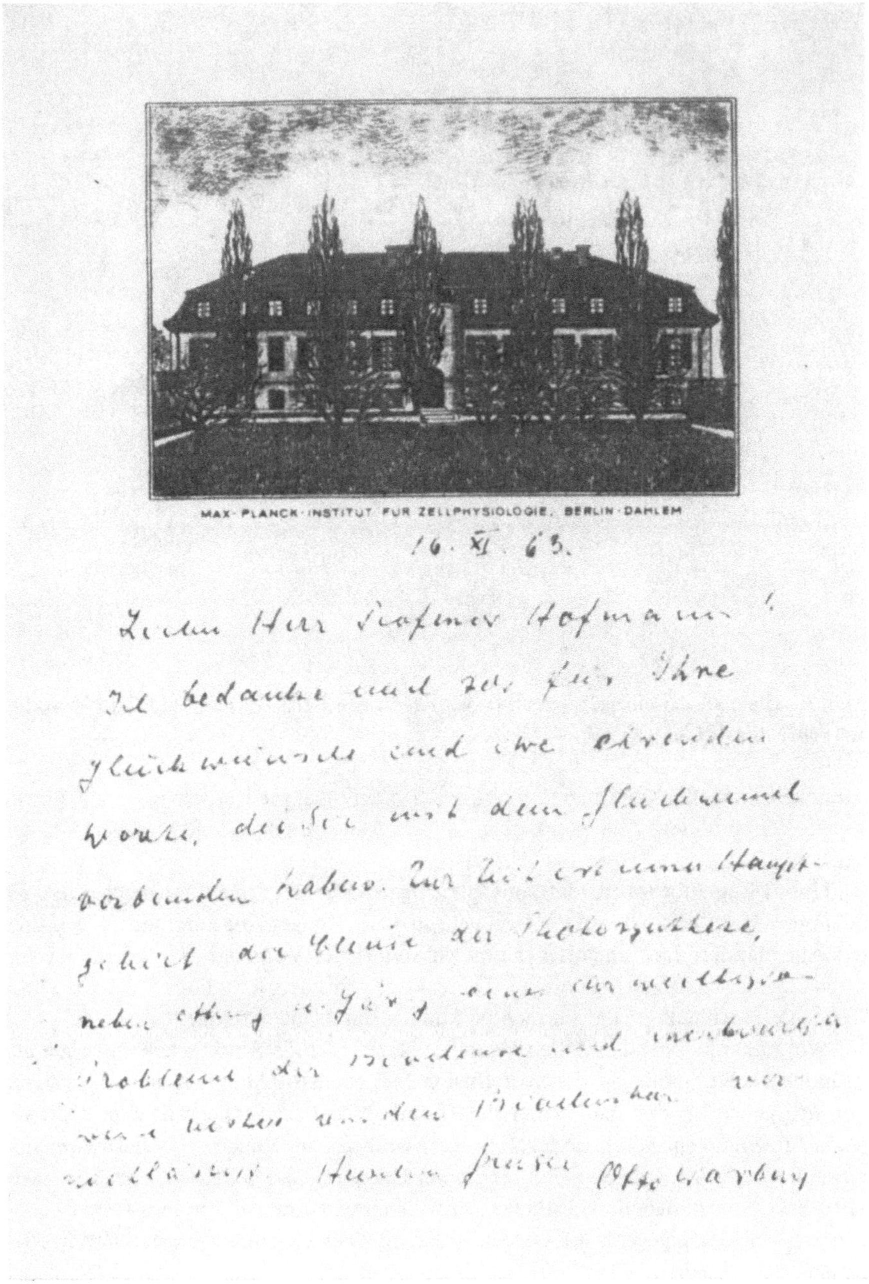
MAX-PLANCK-INSTITUT FÜR ZELLPHYSIOLOGIE, BERLIN-DAHLEM

16. XI. 63.

Lieber Herr Professor Hofmann!

Herzlichen Grüße Otto Warburg

Abb. 2 Postkarte von Otto Warburg an den Autor aus dem Jahre 1963

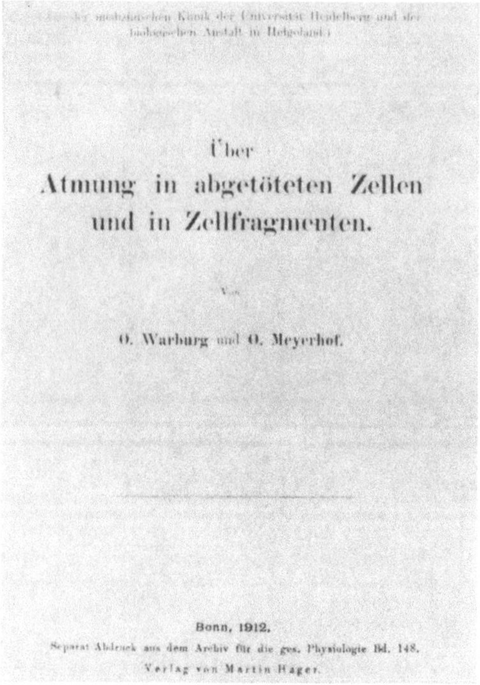

(Aus der medizinischen Klinik der Universität Heidelberg und der biologischen Anstalt in Helgoland.)

Über
Atmung in abgetöteten Zellen
und in Zellfragmenten.

Von

O. Warburg und O. Meyerhof.

Bonn, 1912.
Separat-Abdruck aus dem Archiv für die ges. Physiologie Bd. 148.
Verlag von Martin Hager.

Abb. 3 Titelblatt der einzigen gemeinsamen Arbeit von Otto Warburg und Otto Meyerhof aus dem Jahre 1912

dann keinen meßbaren Sauerstoffverbrauch mehr, während er, im gleichen Betrag wie in den intakten Zellen, an oder in den festen Strukturteilen wiedergefunden wurde.“

„Und ich glaube aber, daß mit derartigen oder ähnlichen Betrachtungen ein Schimmer von Licht fällt auf die eigenartigen Verkettungen, die automatisch geordneten Aufeinanderfolgen chemischer und physikalischer Vorgänge, wie sie für die Lebensvorgänge charakteristisch sind. Die energieliefernden Reaktionen werden durch Fermente beschleunigt; die Fermentwirkungen durch die Struktur.“

„Wir haben in lebenden Zellen keine feste Struktur; die Strukturteile bestehen aus gequollenen Kolloiden, in denen Diffusion fast ebenso schnell wie in Flüssigkeiten vor sich gehen, so daß eine räumliche Trennung gelöster Stoffe, will man nicht für jeden Stoff eine spezifisch undurchlässige Membran annehmen, als Gleichgewichtszustand schwer denkbar erscheint. Sollte der Energiebedarf der Zellen vielleicht darin seine Erklärung finden, daß beständig Diffusionen und ähnliche von selbst verlaufende Prozesse rückgängig gemacht werden müssen? Daß eine flüssige oder halbflüssige Struktur ohne dauernde Arbeitsleistung gar nicht erhalten werden kann? Es ist das eine Idee, der sich manche Tatsachen fügen, die auch der experimentellen Prüfung nicht ganz unzugänglich erscheint.“

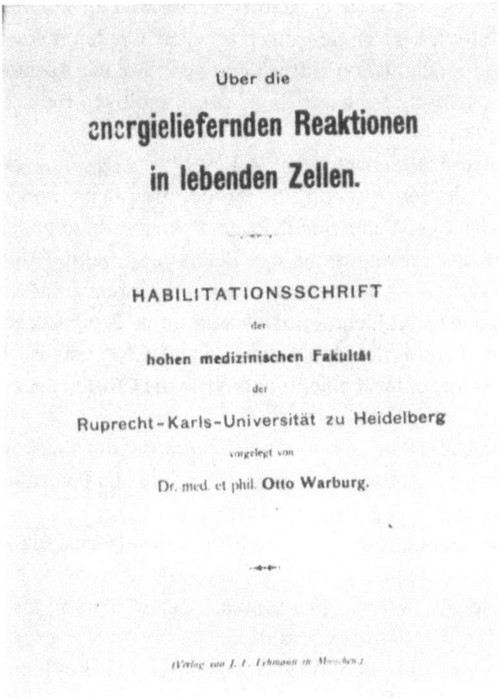

Über die

energieliefernden Reaktionen

in lebenden Zellen.

HABILITATIONSSCHRIFT

der

hohen medizinischen Fakultät

der

Ruprecht-Karls-Universität zu Heidelberg

vorgelegt von

Dr. med. et phil. Otto Warburg.

(Verlag von J. F. Lehmann in München.)

Abb. 4 Titelblatt der neunseitigen Habilitationsschrift von Otto Warburg aus dem Jahre 1911

Dies war die Geburtsstunde für die experimentelle Erforschung der Mitochondrien, die noch heute Zellbiologen und Biochemiker faszinieren. Hat nicht der große Meister der Zellphysiologie schon damals intuitiv erfaßt, daß Struktur und Funktion einer Zelle Resultate ihrer dissipativen Eigenschaften sind?

Als geborener Experimentator erkannte WARBURG sofort, daß die Isolierung atmender Zellgranula zur Möglichkeit führt, mit der Atmung wie mit einer chemischen Reaktion im Reagenzglas zu experimentieren, und in einer am 1. Juni 1914 in HOPPE-SEYLERS Zeitschrift für Physiologische Chemie eingereichten Arbeit schreibt er: „Meine Versuche führen mit überwiegender Wahrscheinlichkeit zu der Annahme, daß eine einfache und bekannte chemische Reaktion der erste Schritt im Mechanismus der Sauerstoffatmung ist.“ In dieser Arbeit vor Ausbruch des ersten Weltkrieges stellt er die Theorie auf, daß die Sauerstoffatmung eine Eisenkatalyse sei und erklärt so die atmungshemmende Wirkung sehr kleiner CN^--Konzentrationen (OTTO WARBURG: Über die Rolle des Eisens in der Atmung des Seeigeleis nebst Bemerkungen über einige durch Eisen beschleunigte Oxydationen, in: Z. physiol. Chemie **92**, 231 [1914]).

Nach vierjährigem Kriegsdienst kehrte er in das Kaiser-Wilhelm-Institut für Biologie nach Berlin zurück und widmete sich sofort wieder der Eisenkatalyse der Atmung. Gemeinsam mit ERWIN NEGELEIN entdeckte er, daß Aminosäuren an Hämin- bzw. Blutkohle als Katalysator durch molekularen Sauerstoff oxydiert werden. Dieses System lieferte ein perfektes Atmungsmodell als die Autoren fanden, daß die Aminosäureoxydation durch Narkotika unspezifisch, nach der Regel der homologen Reihen, durch Blausäure aber spezifisch gehemmt wird.

Die Jahre 1921–1925 sind durch drei Hauptrichtungen in WARBURGS Forschungsarbeit gekennzeichnet, die Kohlemodelle der Atmung, die Entdeckung der aeroben Glykolyse der Tumorzellen und die Energetik der pflanzlichen Photosynthese.

Der Durchbruch zum Verständnis des Mechanismus der Zellatmung bahnte sich an, als WARBURG die Kohlemodelle verließ, sich erneut der Hefe als Untersuchungsobjekt zuwandte und die Wirkungen des Kohlenmonoxids auf ihren Stoffwechsel untersuchte. Er fand, daß man mit Kohlenmonoxid, ähnlich wie mit CN^- und H_2S, die Atmung von der Gärung trennen kann: unter Kohlenmonoxid ist die Gärung genau so groß wie unter Stickstoff.

Die Kopplung von Atmung und Gärung, die sich in einer Hemmung der Gärung durch die Atmung kund tut, bezeichnete WARBURG nach ihrem Entdecker als PASTEUR-Reaktion, später wurde daraus die Bezeichnung PASTEUR-Effekt.

Von großer erkenntnistheoretischer Bedeutung erwies sich der Einsatz des Blausäureäthylesters. Im Gegensatz zur Blausäure hemmt ihr Äthylester die Atmung nicht, er steigert aber die Gärung auf anaerobe Werte. Blausäureäthylester hemmt also „elektiv", wie WARBURG 1926 schreibt, die PASTEUR-Reaktion.

Zur damaligen Zeit dachte WARBURG daran, daß die PASTEUR-Reaktion durch ein Enzym hervorgebracht wird, mit dem der Blausäureäthylester und die Blausäure selbst direkt oder indirekt reagieren sollten. Den Unterschied in den Wirkungen beider Substanzen – Atmungshemmung durch Blausäure, keine Atmungshemmung durch den Blausäureäthylester – führte er darauf zurück, daß nur die Blausäure, nicht aber der Blausäureäthylester mit dem Atmungsferment reagieren könne.

In scharfsinniger Deduktion erkannte er, daß alle Theorien unrichtig sind, die den PASTEUR-Effekt durch eine direkte Wirkung des Sauerstoffs auf die Gärungsfermente erklären wollen. Heute wissen wir, daß es keinen eigentlichen Katalysator für den PASTEUR-Effekt gibt, sondern daß er Ausdruck von stöchiometrischen und allosterischen Kopplungen zwischen Atmung und Glykolyse ist, wodurch multiple Stationärzustände in beiden Stoffwechselwegen entstehen, die sich in unterschiedlichen Durchsatzgeschwindigkeiten äußern. In der Hefe scheint dem anorganischen Phosphat als wirksamem allosterischen Effektor der Phosphofruktokinase, die als bedeutendes regulatorisches Enzym der Glykolyse erkannt wurde, eine Schlüsselfunktion im Zustandekommen des PASTEUR-Effektes zuzukommen.

Doch nun zurück zu der Hemmung der Zellatmung durch Kohlenmonoxid. Anläßlich eines Besuches des britischen Hämoglobinforschers ARCHIBALD VIVIAN HILL im Dahlemer Institut im Jahre 1925, erfuhr WARBURG von Arbeiten im Cambridger Physiologischen Institut, nach denen die Affinität zwischen Kohlenmonoxid und Hämoglobin abnimmt, wenn man dieses System belichtet.

WARBURG legte sich sofort die Frage vor, ob nicht auch die Verbindung zwischen

Atmungsferment und Kohlenmonoxid lichtempfindlich ist. Dann müßte die Atmungshemmung bei Belichtung kleiner werden oder ganz verschwinden. Das ist nun in der Tat der Fall (Abb. 5).

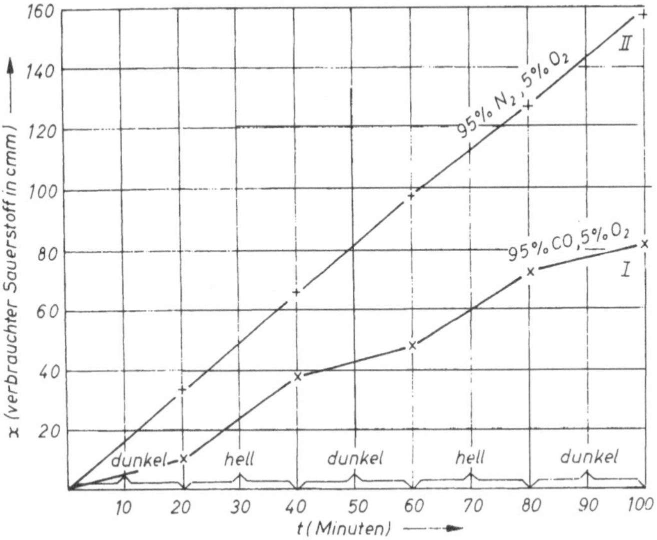

Abb. 5 Einfluß von Licht auf die durch Kohlenmonoxid gehemmte Hefeatmung (O. Warburg: Über die Wirkung des Kohlenoxids auf den Stoffwechsel der Hefe, in: Biochem. Zeitschrift **177**, 471 [1926])

Indem man das Warburg-Gefäß abwechselnd mit einer elektrischen Lampe belichtet und wieder verdunkelt, kann man beliebig oft Atmung entstehen und verschwinden lassen. Reziprok dazu verhält sich die Gärung (Abb. 6).

Förderlich auf die folgenden Arbeiten wirkte sich der Umstand aus, daß sich Warburg vor 1926 mit der Assimilation von Kohlensäure durch grüne Pflanzen und im Zusammenhang damit mit der spezifischen photochemischen Wirkung des Lichtes auf die Photosynthese beschäftigt hatte. Ich glaube, daß damals an keiner anderen Stelle in der Welt die Energie des Lichtes so genau gemessen werden konnte wie in Berlin. Er erlernte die Lichtenergiemessung in der Physikalisch-Technischen Reichsanstalt im Laboratorium seines Vaters und benutzte dazu das Bolometer nach Lummer und Kurlbaum.

Warburg schreibt dazu: „Es war das Bolometer mit dem im Jahre 1900 in der Physikalisch-Technischen Reichsanstalt die Strahlung des schwarzen Körpers gemessen worden war, in Versuchen, aus denen Max Planck seine Spektralformel ableitete und das Wirkungsquantum h berechnete."

Aufgrund des Prinzips, das nur dasjenige Licht, das vom Katalysator absorbiert wird, die Hemmung aufheben kann, muß eine Beziehung zwischen dem Absorptionsspektrum des Katalysators und der Wirkung des Lichtes bestehen.

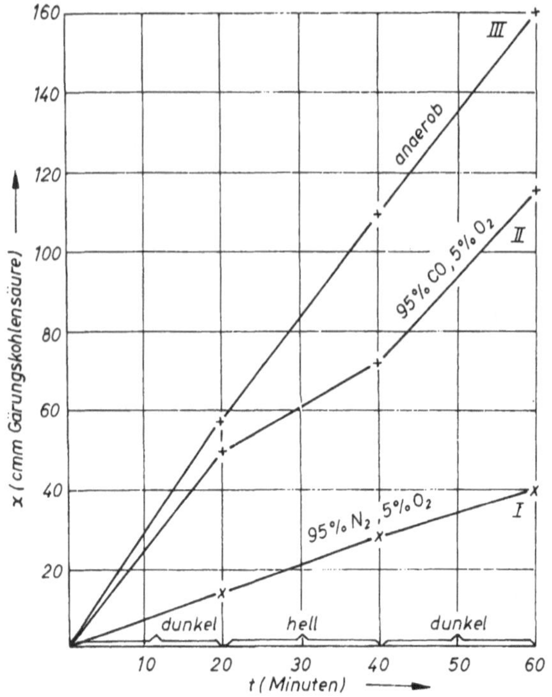

Abb. 6 Einfluß von Licht auf die Hefegärung bei An- und Abwesenheit von Kohlenmonoxid (O. Warburg: Über die Wirkung des Kohlenoxids auf den Stoffwechsel der Hefe, in: Biochem. Zeitschrift **177**, 471 [1926])

Schon in dieser ersten Arbeit (1926) über die Lichtempfindlichkeit der Kohlenmonoxidhemmung der Atmung isolierte WARBURG aus einer Quecksilber- und einer Metallfadenlampe verschiedene Spektralbezirke und prüfte deren Wirkungen. Diese Versuche bewiesen die Farbstoffnatur des Atmungsfermentes, das Licht mit der Wellenlänge von 436 nm stärker als solches von 546 und 578 nm absorbiert. Die Verwandtschaft des Atmungsfermentes mit dem roten Blutfarbstoff wurde immer deutlicher. Nachdem WARBURG die Gültigkeit des EINSTEINschen photochemischen Äquivalenzgesetzes für die Spaltung des Kohlenmonoxid-Pyridin-Hämochromogen-Komplexes als Modellverbindung nachgewiesen hatte, ging er gemeinsam mit ERWIN NEGELEIN daran, das Absorptionsspektrum des Atmungsfermentes aufzustellen.

Diese Arbeiten sind und bleiben Glanzpunkte in der Entwicklung der biologischen Wissenschaften. Noch mehr als 50 Jahre danach setzen sie Maßstäbe für uns alle. Sie führten zum Nobelpreis im Jahre 1931.

Durch Verwendung verschiedener Lichtquellen konnte das Fermentspektrum zwischen 254 nm und 660 nm an 31 Punkten bestimmt werden: WARBURG und NEGELEIN fanden, daß das Absorptionsspektrum der Kohlenmonoxidverbindung des sauerstoffübertragenden Atmungsfermentes dem Spektrum der Kohlenmonoxidverbindung des Hämoglobins sehr ähnlich ist und sich von ihm lediglich durch eine Rotverschiebung der einzelnen Banden unterscheidet (Abb. 7 und Abb. 8).

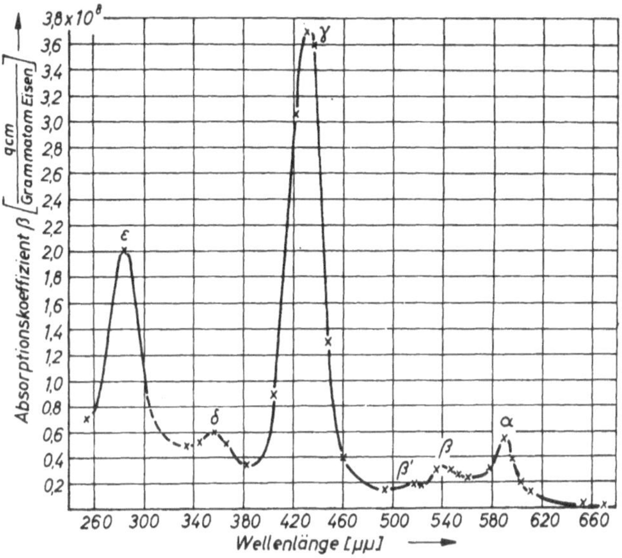

Abb. 7 Absorptionsspektrum der CO-Verbindung des Warburgschen Atmungsfermentes aufgrund des Wirkungsspektrums des Lichtes (photochemische Dissoziation) (O. Warburg: Nobelvortrag. 10. Dezember 1931, in: Angewandte Chemie **45** [1932])

Eine lange Kontroverse, die sich über mehr als 10 Jahre hinzog, gab es zwischen Warburg und Keilin in Cambridge über die Rolle der Cytochrome.

1885 entdeckte McMunn in tierischen Zellen Hämverbindungen, die in zwei Zuständen, oxydiert und reduziert, vorkommen. Hoppe-Seyler, Papst der Physiologischen Chemie zur damaligen Zeit, ließ diese Entdeckung nicht gelten und erklärte die Histohämatine McMunns zu Zersetzungsprodukten des Hämoglobins. Das Schweigen McMunns war für Warburg ein Schulbeispiel dafür, wie schädlich Autoritätsgläubigkeit in der Wissenschaft ist. Die Histohämatine McMunns wurden 40 Jahre danach, nämlich 1925 durch Keilin wiederentdeckt und von ihm als Cytochrome a, b und c bezeichnet. Welche Beziehungen bestehen nun aber zwischen dem Warburgschen Atmungsferment und den Cytochromen Keilins? Schon im Jahre 1927 waren sich beide Forscher einig – Warburg in einem Vortrag in London, Keilin in einem Vortrag in Paris –, daß das sauerstoffübertragende Ferment Warburgs terminaler Elektronenüberträger ist und infolge seiner autoxidablen Eigenschaften den Sauerstoff reduziert. Die Cytochrome sollten die Elektronen von den Substraten aufnehmen und auf das Atmungsferment übertragen. Keilin bestritt aber, daß das sauerstoffübertragende Ferment Warburgs eine Häminverbindung bzw.

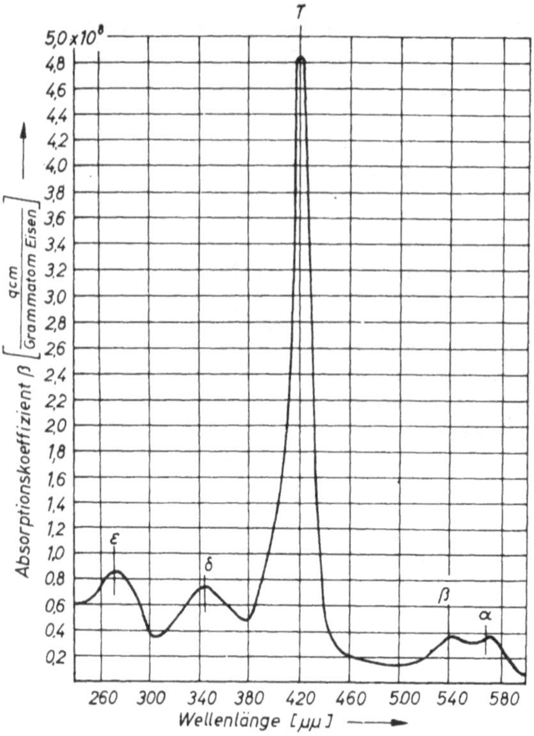

Abb. 8 Absorptionsspektrum der CO-Verbindung des Hämoglobins aufgrund des Wirkungsspektrums des Lichtes (photochemische Dissoziation) (O. Warburg: Nobelvortrag. 10. Dezember 1931, in: Angewandte Chemie **45** [1932])

überhaupt eine Eisenverbindung sei. Dieser Streit dauerte länger als zehn Jahre und band wesentliche Kräfte der beiden Forscher. Als Keilin 1939 entdeckte, daß sein Cytochrom a aus wenigstens zwei Komponenten besteht, von denen eine, das Cytochrom a_3, dasselbe Spektrum und dieselben Eigenschaften hatte, wie das Warburgsche Atmungsferment von 1926, trat Ruhe zwischen den beiden Großen der Wissenschaft ein. Seitdem werden die Bezeichnungen „Warburgsches Atmungsferment" und „Cytochromoxidase" für ein und dasselbe Enzym gebraucht.

Wir wissen heute, daß das Atmungsferment ein sehr kompliziertes Eisen-Porphyrin-Enzym ist: sein minimales Molekulargewicht ist 170000, es enthält 12 verschiedene Untereinheiten mit Molekulargewichten zwischen 6000 und 36000. Pro Mol Enzym bindet es zwei Eisenporphyrine und zwei Cu-Ionen. Das Warburgsche Atmungsferment ist nicht nur ein autoxidabler Redoxkatalysator, sondern hat auch die Eigenschaft einer Protonenpumpe.

Mit der Methode der Aufstellung des Aktionsspektrums der Lichtwirkung auf die Dissoziation von Kohlenmonoxid-Eisen-Komplexen wurden von Warburg und seinen Mitarbeitern zahlreiche andere Hämin- und Nichthämin-Eisenverbindungen biologischen Ursprungs untersucht.

Im Jahre 1933 wurde in WARBURGS Laboratorium entdeckt, daß die Buttersäuregärung von Clostridium butyricum reversibel durch Kohlenmonoxid gehemmt wird und diese Hemmung lichtempfindlich ist. Das Wirkungsspektrum dieses Katalysators war nicht dasjenige eines Eisenporphyrins, sondern das eines porphyrinfreien Eisenproteins. Dadurch wurde eine neue Gruppe von Proteinen aufgefunden, die Nichthämeisenproteine, die in der Atmungskette, in der Photosynthese und bei spezifischen Stoffwandlungen in der Zelle eine Rolle spielen; eines davon ist das Ferredoxin. Die Beteiligung des Ferredoxins an der Photosynthese wurde 1962 in WARBURGS Institut nachgewiesen.

Ich komme nun zu einer weiteren Gruppe grundlegender Entdeckungen WARBURGS auf dem Gebiet der Enzymforschung.

Anläßlich einer USA-Reise 1929 sah WARBURG im Laboratorium von E. S. G. BARRON an der John Hopkins Medical School in Baltimore Versuche, die zeigten, daß man durch Zugabe von Methylenblau zu nichtatmenden, reifen roten Blutkörperchen des Kaninchens oder des Menschen in diesen Zellen eine regelmäßige, langanhaltende Sauerstoffaufnahme erzeugen kann.

Er begann daraufhin die chemische Untersuchung des Mechanismus dieser Methylenblaukatalyse, die ihn zur Entdeckung und Strukturaufklärung der wasserstoffübertragenden Coenzyme DPN und TPN (jetzt als NAD und NADP bezeichnet) sowie von FMN und FAD, außerdem zur Entdeckung und Kristallisation zahlreicher wasserstoffübertragender und anderer Gärungsenzyme führte.

Aus 100 Litern Pferdeerythrozyten erhielten WARBURG, CHRISTIAN und KUBOWITZ 1935 mit Hilfe klassischer Isolierungsverfahren etwa 500 mg reines Coenzym. Nach Hydrolyse und exakter chemischer Analyse wurden in dem Coenzym 1 Molekül Adenin, 1 Molekül Nicotinsäureamid, 2 Moleküle Pentose und drei Moleküle Phosphorsäure gefunden, die unter Austritt von sechs Molekülen Wasser untereinander verbunden sind. Er nannte die Verbindung Triphosphopyridinnucleotid, abgekürzt TPN($NADP^+$). Es ist das Coenzym vieler Dehydrogenasen, darunter des WARBURGschen Zwischenfermentes, der Glucose-Phosphat-Dehydrogenase, die die direkte Oxydation des Glucose-6-Phosphates einleitet. Ein Jahr später klärten WARBURG und CHRISTIAN die Struktur des Coenzyms der Gärung auf, die des Diphosphopyridinnucleotides (DPN, NAD^+), das einen Phosphatrest weniger als TPN enthält.

Auch hier trägt WARBURG einen Sieg über einen Konkurrenten davon. Diesmal ist es HANS VON EULER in Stockholm, der sich seit 1923 mit der Cozymase, also dem Coenzym der Gärung, beschäftigte und bis 1934 zu dem Ergebnis gekommen war, die Cozymase sei eine besondere Art von Adenylsäure. Abgesehen davon, daß sich WARBURG über HANS VON EULER öffentlich lustig machte, kam es eigentlich nicht zu einem Streit zwischen beiden, da VON EULER schnell genug eine Wendung vollzog und bis 1945 alles bestätigte, was WARBURG vor ihm entdeckt hatte.

WARBURGS schwedischer Mitarbeiter HUGO THEORELL, der Augenzeuge dieser Entdeckung war, gab die folgende Schilderung der Umstände: „Im Dezember 1933 zeigte mir WARBURG die ersten Nikotinsäurepicrolonat-Kristalle. Niemand wußte was es war. Als ich erwähnte, daß ich vielleicht über Weihnachten nach Hause – nach Stockholm – fahren würde, zögerte er plötzlich, die Sache weiter zu besprechen, weil dort gefährliche Leute wie HANS VON EULER und KARL MYRBÄCK auf demselben Gebiet arbeiten. Schließlich erlaubte er mir die Reise, sagte aber ‚ich bringe Sie um, wenn Sie das Wort Picrolonsäure in Stockholm erwähnen'."

Die Ausbeute der Substanz war bescheiden, nämlich ein paar Milligramm aus 200 Liter Pferdeblut. WARBURG extrapolierte, daß er für die Konstitutionsermittlung der Coenzyme das Blut aller Pferde in Deutschland benötigen würde. Da er Pferde als passionierter Reiter abgöttisch liebte, konnte er sich mit diesem Gedanken überhaupt nicht befreunden.

Da WARBURG Daten über Elementaranalyse, Schmelzpunkt und Molekulargewicht zur Hand hatte, wurde im „Beilstein", dem Handbuch der organischen Chemie, nach Substanzen der gleichen Zusammensetzung und des gleichen Schmelzpunktes gesucht und bald das Nikotinsäureamid identifiziert.

WARBURG sagte: „Gestern konnten wir es nicht für alles Geld in der Welt kaufen, heute ist es für zwei Mark pro Pfund zu haben. Derartiges passiert einem nicht gerade oft, aber die wenigen Zeugen dieses explosionsartigen Fortschritts werden es nie vergessen. Das sind goldene Momente in dem Leben eines Forschers, wenn ein plötzliches neues Ergebnis so eindeutig ist, daß der Versuch keiner Wiederholung bedarf."

Nikotinsäureamid erwies sich als die katalytisch aktive Gruppe des Coenzyms. Es unterliegt einer Hydrogenierung und Dehydrogenierung und überträgt dadurch Wasserstoffatome. Man kennt heute gut über 150 verschiedene Dehydrogenasen, bei denen Nikotinsäureamid eine Schlüsselrolle als Wasserstoffüberträger entweder im NAD oder im NADP spielt. Die Entdeckung von Nikotinsäureamid und die Aufklärung seiner Wirkungsweise war ohne Übertreibung eine monumentale Leistung.

Auf diese Entdeckung war WARBURG besonders stolz. Dies wird durch folgende Episode belegt: In der Londoner Times las er am 12. Januar 1938 die Nachricht von seinem Tode, gleichzeitig veröffentlichte die Zeitung einen Nachruf auf ihn und seine wissenschaftlichen Leistungen. Der Irrtum bestand darin, daß ein anderer OTTO WARBURG – ein entfernter Verwandter von ihm und Botaniker – gestorben war. Die Fehlmeldung wurde bald korrigiert; WARBURG ärgerte sich aber besonders darüber daß der Nachruf das Nicotinsäureamid in den Coenzymen der Dehydrogenasen unerwähnt ließ; er schrieb bissig an seinen Schüler Sir HANS KREBS: „Der Nachruf schien mir gemeinsam von poor old WIELAND und poor old THUNBERG geschrieben." Völlig zu Unrecht betrachtete WARBURG diese beiden aufrechten und ihn schätzenden Wissenschaftler als seine Feinde.

Schon zwei Jahre vor der Strukturaufklärung des DPN und TPN entdeckte WARBURG die gelben Fermente. Sie erwiesen sich als notwendig in dem oben erwähnten elektronenübertragenden System, in welchem Methylenblau als künstlicher Elektronenacceptor fungiert; beide sind unentbehrliche Bestandteile der Atmungskette.

Als prosthetische Gruppen dieser gelben Fermente wurden FMN (Flavinmononucleotid) und FAD (Flavinadenindinucleotid) isoliert und ihre Struktur aufgeklärt. Die Strukturaufklärung des FMN erfolgte durch Hugo Theorell in Warburgs Laboratorium.

Der aktive Bestandteil von FMN und FAD, das Riboflavin, wurde 1933 durch Richard Kuhn aus der Milch isoliert.

Warburgs Arbeiten über die Coenzyme und prosthetischen Gruppen von Enzymen führten zu den Grunderkenntnissen, daß diese mit den zugehörigen Enzymproteinen Verbindungen eingehen und daß die Spezifität der Enzyme auf ihrem Proteinanteil beruht.

Für uns ist dies heute eine Selbstverständlichkeit, keineswegs aber zur damaligen Zeit. Richard Willstätter, der selbst große Beiträge zur Enzymforschung leistete, betrachtete im Jahre 1926 die Fermente als aufgebaut aus aktiven Gruppen, die in inaktive Trägerkolloide eingelagert seien, die unspezifisch und auswechselbar sowie von verschiedener Zusammensetzung sind, niemals aber Proteine darstellen. Für Willstätter war das Ergebnis der Enzymisolierung die Erkenntnis, daß die Enzyme nicht zu den Proteinen und Kohlenhydraten, überhaupt nicht zu den bekannten großen Gruppen der komplizierten organischen Verbindungen zählen.

Warburg hingegen zweifelte nie daran, daß die Katalysatoren der lebendigen Substanz, die Fermente, zur Stoffgruppe der Eiweiße gehören. Ich bin überzeugt, daß gerade hier die Einflüsse seines Lehrers Emil Fischer bestimmend waren für sein ganzes Leben.

Nachdem Warburg – getreu seinem mehrfach schriftlich niedergelegten Bekenntnis, daß ein katalytischer Prozeß dann verstanden ist, wenn seine Einzelschritte stöchiometrisch aufgeklärt sind – die fundamentalen Gesetzmäßigkeiten der Wechselwirkungen zwischen Enzym und Coenzym erforscht hatte, gelang es ihm und seinen Mitarbeitern Christian, Kubowitz, Negelein und Bücher erstmals, insgesamt neun Glykolyse- und Gärungsenzyme in kristallisierter Form darzustellen: Lactatdehydrogenase, Enolase, Aldolase (aus Muskel und Hefe), Glycerinaldehyd-Phosphat-Dehydrogenase, 3-Phosphoglyceratkinase, Alkoholdehydrogenase, Pyruvatkinase, Glycerin-1-Phosphatdehydrogenase und Triosephosphatisomerase, andere, wie das Zwischenferment und die Phosphofructokinase, wurden in seinem Laboratorium gereinigt. Es war dies möglich durch den von ihm entwickelten optischen Test, der die Messung von Enzymaktivitäten revolutionierte und die Enzymisolierung erleichterte.

Um die Leistungen Warburgs auf diesem Gebiet richtig beurteilen zu können, muß man wissen, daß man zu dieser Zeit durch die Arbeiten von Harden, Neuberg, Meyerhof und Lohmann, Carl und Gerty Cori sowie von Embden, Parnas und Needham den Gesamtprozeß der Milchsäuregärung und der alkoholischen Gärung in Einzelschritte zerlegen konnte, kein einziges der daran beteiligten zwölf Enzyme aber rein oder gar kristallisiert vorlag. Dies war aber die Voraussetzung für die Aufklärung der Enzymwirkung, für die eindeutige Charakterisierung ihrer Substrate und Produkte, d.h. für die Stöchiometrie der jeweiligen katalysierten Reaktion und für das Verständnis ihrer Aufeinanderfolge im Gesamtprozeß.

Die Isolierung des oxydierenden Gärungsfermentes, der Glycerinaldehydphosphatdehydrogenase, führte ERWIN NEGELEIN und HEINZ BRÖMEL in WARBURGS Institut zur Darstellung und Isolierung der äußerst labilen 1,3-Diphosphoglycerinsäure (R-Diphosphoglycerinsäure), die als ein obligates Zwischenprodukt der Glykolyse erkannt wurde und auf Grund ihres hohen Gruppenübertragungspotentials zur Synthese des ersten ATP-Moleküls der Glykolyse dient. Diese Reaktion wurde zum Schulbeispiel für die Kopplung von Dehydrierung und Phosphorylierung im Stoffwechsel lebendiger Systeme.

Eine Veröffentlichung aus dem Jahre 1941 möchte ich noch besonders herausstellen, da sie in meinen Augen ebenso wie zahlreiche andere Arbeiten aus WARBURGS Feder zu den klassischen Arbeiten der Biochemie zählt, hervorragend knapp und beispielhaft klar formuliert, gleichzeitig umfassend und voll wissenschaftlichem Mut. Sie beschäftigt sich mit der Isolierung und Kristallisation der Enolase, jenes Enzyms der Glykolyse und Gärung, das 2-Phosphoglycerinsäure in Phosphobrenztraubensäure unter Wasserentzug umwandelt und von LOHMANN und MEYERHOF 1934 entdeckt wurde (O. WARBURG und W. CHRISTIAN, Isolierung und Kristallisation des Gärungsfermentes Enolase, in: Biochem. Z. **310**, 384 [1941]).

Als Voraussetzung für die Reinigung des Enzyms entwickelten WARBURG und CHRISTIAN ein einfaches optisches Meßverfahren, das auf der Lichtabsorption der Phosphoenolbrenztraubensäure bei 240 nm beruht und die Aufnahme kontinuierlicher Verlaufskurven der Enzymreaktion in kurzer Zeit gestattet.

Um die für die Enzymreinigung lästigen Nukleinsäuren zu entfernen, führte WARBURG die Protaminsulfatfällung auf einer frühen Stufe des Enzymgewinnungsverfahrens ein, und zur Kristallisation des Enzyms benutzte er einen unglaublichen Trick: er fällte das Quecksilbersalz des Enzyms aus und gewann Quecksilber-Enolase-Kristalle. Jeder Enzymchemiker fürchtet Quecksilberionen in seinen Lösungen, durch WARBURG aber wurde dieses gefährlichste aller Enzymgifte zur Enzymreinigung eingesetzt. Zwar wird die Enolase dabei vollständig inaktiviert, nach Entfernung des Quecksilbers läßt sich aber das aktive Enzym zu 100% wiedergewinnen. Jeder Biochemiestudent sollte diese Arbeit lesen und seine eigenen Formulierungen an denen WARBURGS messen.

Die Aufklärung der Reaktionssequenz der Glykolyse und die Isolierung der sie katalysierenden Enzyme sowie die Aufdeckung des in sie eingeschlossenen NAD/NADH-Cyclus stimulierte sehr die Aufklärung auch anderer Reaktionsfolgen des intermediären Stoffwechsels: KREBS und HENSELEIT entdeckten 1932 den Harnstoffcyclus, KREBS 1937 den Citronensäurecyclus, LYNEN später den stufenweisen Abbau der Fettsäuren und die ebenfalls schrittweise erfolgende Synthese von Fettsäuren, Steroiden und anderen Substanzen. Es setzte sich damit langsam eine neue grundlegende Erkenntnis durch, nämlich die Aufgliederung des komplexen Gesamtsystems des Stoffwechsels in Subsysteme.

Diese Subsysteme ergeben sich meist unmittelbar aus der Logik der aufeinanderfolgenden chemischen Reaktionen. Den Subsystemen können bestimmte Stoffwechselleistungen und Funktionen zugeordnet werden. Es läßt sich nachweisen, daß solche Subsysteme des Stoffwechsels eine gewisse funktionelle Eigenständigkeit besitzen: Sie sind meist in bestimmten subzellulären Kompartimenten lokalisiert, laufen in verschiedenen Zellen mit unterschiedlichen Durchsatzgeschwindigkeiten ab und reagieren als Ganzes auf Veränderungen der Stoffwechselbedingungen. Einem grundsätzlichen Verständnis ihrer Verhaltensweisen kommt man näher durch moderne Konzeptionen wie regulatorische Enzyme, Kontrollstärke, nichtlineare Dynamik und Hysterese. Dieser relativen Unabhängigkeit von Reaktionsketten und Reaktionscyclen steht die große innere Vernetzung des Stoffwechsels gegenüber. Zu dieser Vernetzung tragen drei Gruppen von Prozessen bei:

1. Stöchiometrische Verknüpfung.
2. Kopplung durch gemeinsame Metabolite und Coenzyme, wie ATP, ADP, NAD usw.
3. Allosterische Wechselwirkungen.

Es scheint, daß die unkritische Anwendung kybernetischer Denkmodelle die Probleme der Regulation solcher Reaktionsketten eher verschleiert als löst.

WARBURG lieferte für unsere heutigen Anschauungen die erforderlichen Grundlagen. Im Vorwort des 1948 erschienenen Buches „Wasserstoffübertragende Fermente" zitiert WARBURG einen Ausspruch GOETHES gegenüber ECKERMANN: „Welche Anstrengung und welche Verwendung von Geisteskraft gehört nicht dazu, um ein großes Ganzes in sich zu ordnen und welche ruhige ungestörte Lage im Leben." Er fährt dann fort: „Die Arbeiten, die in diesem Buch vereinigt sind, entstanden in Berlin-Dahlem in den Jahren 1932—1945, in einer Zeit, in der Goethes Vorbedingungen für große Werke nicht gegeben waren. Trotzdem ist ein lang erstrebtes Ziel der Wissenschaft erreicht worden: Denn die wasserstoffübertragenden Fermente sind die ersten Fermente gewesen, deren Wirkungsgruppen isoliert und deren katalytische Wirkungen auf stöchiometrische chemische Zwischenreaktionen zwischen Fermenten und Substraten zurückgeführt worden sind."

Die Enzymarbeiten WARBURGS hatten nicht nur eine gewaltige Bedeutung für den Erkenntnisfortschritt, sondern erwiesen sich auch als bedeutungsvoll für zahlreiche praktische Anwendungen:

1. als Reagenzien für die hochspezifische quantitative Mikro- und Ultramikroanalyse biologischer Substanzen;
2. für die Messung von Enzymen in Körperflüssigkeiten und deren Nutzung in der Krankheitsdiagnostik und zur Verlaufskontrolle von Erkrankungen einschließlich der Einschätzung des Therapieverlaufes;
3. für die Vitaminforschung und die Entwicklung neuer Arzneimittel: zwei Jahre nach der Entdeckung des Nikotinsäureamids im NADP wurde von ELVEHJEM diese Substanz als Antipellagra-Vitamin entdeckt und damit die Voraussetzung geschaffen, Pellagra zu verhüten und zu heilen. 1945 wurde entdeckt, daß Nikotinsäureamid das Wachstum von Mycobakterien hemmt. Unter den verwandten Verbindungen erwies sich Isonikotinsäurehydrazid als antituberkulös wesentlich wirksamer als das Nikotinsäureamid, so daß Isonikotinsäurehydrazid heute bei der Behandlung der Tuberkulose eine wichtige Rolle spielt;
4. WARBURGS Arbeiten zur Enzymkristallisation und die Aktivitätsmessung von

Enzymen durch den optischen Test führten zur Herausbildung eines neuen bedeutenden Industriezweiges: die biochemische Industrie, die ihrerseits sowohl die biologische Forschung als auch das Gesundheitswesen, die Veterinärmedizin und Tierproduktion sowie die Lebensmittelindustrie und Nahrungsgüterwirtschaft nachhaltig förderte und zu einem wesentlichen Beschleunigungsfaktor ihrer Entwicklung wurde.

Obwohl WARBURG solche Anwendungen seiner Grundlagenforschung nie in Betracht zog, auch keinerlei Aktivität in dieser Richtung unternahm und es ihn mißmutig stimmte, wenn er daran dachte, daß andere Leute, wie er sagte, mit der WARBURG-Apparatur, dem „elektronischen WARBURG", dem Photometer und dem optischen Test nach WARBURG, den Enzymreinigungsverfahren nach WARBURG usw. sehr viel Geld verdienten – legt er ein nachdrückliches Zeugnis dafür ab, daß – wie sich Sir HANS KREBS in seiner WARBURG-Biographie ausdrückt – erstklassige Grundlagenforschung früher oder später zu wichtigen praktischen Anwendungen führt.

OTTO WARBURG ist und bleibt als Wissenschaftler für uns und unsere Mitarbeiter ein Vorbild. Sein Lebenswerk – niedergelegt in 503 Originalarbeiten und sechs Büchern – ist in der großen Dichte weitreichender und grundlegender Entdeckungen als grandios zu bezeichnen. Jede einzelne von ihnen hätte ausgereicht, ihm einen Ehrenplatz in der Geschichte der Naturwissenschaften zu sichern. Sein Name ist jedem Studierenden der Medizin, Biochemie und Biologie auf der ganzen Welt bekannt.

OTTO WARBURG ist der PASTEUR unseres Jahrhunderts.

DAVID NACHMANSOHN überlieferte der Nachwelt ein Gespräch mit dem kongenialen OTTO MEYERHOF, in welchem dieser OTTO WARBURG in der ihm eigenen bescheidenen Art wie folgt charakterisiert: „Wissen Sie, er ist doch die größte Persönlichkeit von uns allen."

Kolibri 360 GmbH
Ferdinand-Jühlke-Straße 7
99095 Erfurt, Deutschland
produktsicherheit@kolibri360.de